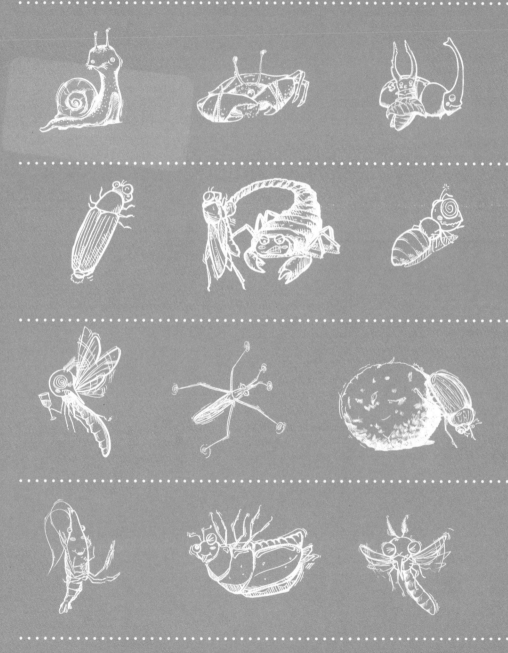

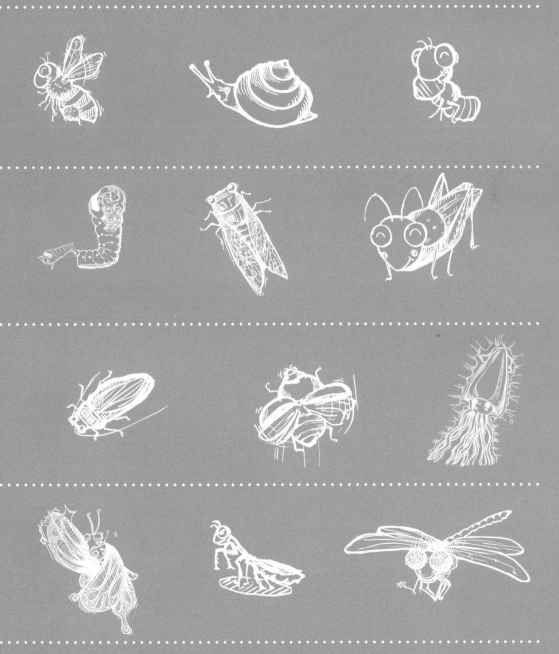

自然課沒教的事 ❷
昆蟲趴趴走

楊平世 著　曾源暢 圖

動物篇

Part1 昆蟲類

Part2 昆蟲外其他節肢動物類

Part3 節肢動物外之無脊椎動物類

Part1

昆蟲趴趴走
—昆蟲總類

？ 晚上燈光下怎麼會有昆蟲打轉呢？

問：在晚上，路燈下怎麼常有昆蟲繞著燈光打轉呢？

答：在昆蟲中，有很多種類，例如蛾類及金龜子，對光具有趨光性，所以一發現燈光，便會飛向亮光的地方；而由於燈光的波長並不是直線的，而略呈角度，因此牠們便會繞著燈的周圍打轉飛舞著；因此，俗稱的「飛蛾撲火」也就是這種因素造成的。

❓ 什麼才叫昆蟲呢？

問：昆蟲的種類那麼多？怎麼給牠們下個定義呢？還有，能不能舉幾種比較古老的昆蟲？

答：昆蟲是所有動物中種類最多的，不過牠們的成蟲有一個共同的特徵，那就是都有六隻腳；因此昆蟲的簡單定義是：成蟲是具有六隻腳的節肢動物。

至於比較古老的昆蟲，也就是較早出現在地球上的昆蟲，例如蟑螂、蜻蜓、蜉蝣……等都是。

❓ 昆蟲有兩種眼睛？

問：據說昆蟲有兩種眼睛，真的嗎？那麼該如何區別呢？功用又如何？

答：不錯，昆蟲有兩種眼睛，一是單眼；一是複眼；前者位於頭頂上方，通常有三個，呈倒三角形排列，只能近視物體，辨別明暗，無法調節光線；而複眼較大，共兩個，位於頭部的兩側，能清晰地觀察周圍的影像，能調節光線。

❓ 昆蟲有沒有胎生的？

問：常看到的昆蟲都是卵生的，那麼是不是有胎生的昆蟲呢？

答：在昆蟲中，最常見的生殖方式是以卵延續後代，但例如蚜蟲，雌蟲常會以胎生（實際是卵胎生）來繁衍後代。蚜蟲媽媽把一隻隻的小蚜蟲由腹末產下，這些小蚜蟲是在母蟲體內由卵孵化再產下來的；如果你有放大鏡，不妨到菜園或花圃內抓些蚜蟲仔細觀察。

❓ 昆蟲是不是都有觸角？

 問：最近我抓到一隻蜻蜓，發現牠們也有觸角；其他昆蟲是不是也有觸角？

 答：觸角是昆蟲重要的感覺器官，主要的功用是觸覺和嗅覺；這種器官不但蜻蜓有，在大多數種類的昆蟲中，也具有這種結構。不過，在昆蟲綱動物中，卻有一類昆蟲是不具觸角的，那是原尾目昆蟲，俗稱原尾蟲，這類昆蟲台灣也有，只是種類很少。

❓ 昆蟲成長一定要蛻皮？

 問：是不是所有昆蟲都要蛻皮才能生長？而蛻皮時是不是只把外面那層皮脫掉？

 答：昆蟲是一種具有外骨骼的節肢動物，所以在牠們的成長期——幼期時，體軀一增大，必得蛻皮才行；蛻皮時，原來舊有的表皮有一部分會被溶解掉而成為新皮的原料，因此脫下來的往往只是一層空殼。在蛻皮的時候，新的表皮也逐漸形成，等形成好了之後，舊

皮才完全褪下，養蠶寶寶或蝴蝶時不妨好好觀察。

? 昆蟲死後不生蟲？

 問：為什麼動物死後，屍體會腐爛生蟲？那昆蟲死後，會不會生蟲呢？

 答：動物死後，肉蠅會在屍體上產卵，卵孵化的蛆會蛀食屍體，並引發細菌分解。而昆蟲由於本身的個體很小，所以被肉蠅蛆蛀食的可能性不大；但是，如果蟲屍的體積大，也可能被蠅蛆分解，也一樣會生蟲。至於，一般小型昆蟲死亡之後，通常會被細菌等微生物分解，往往看不出生蟲現象。

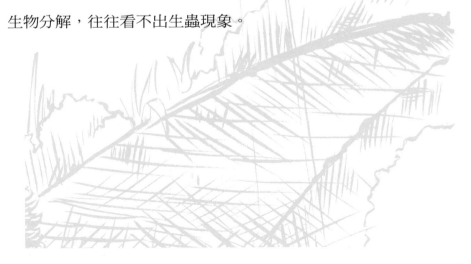

❓ 昆蟲標本要浸藥水嗎？

問：我喜歡製作昆蟲標本；請問，製作時要浸藥水嗎？

答：製作昆蟲標本的方法很多，較適合小朋友們做的是乾燥標本法及浸漬標本法。前者是把所抓到的昆蟲展翅、整姿後予以風乾或烘乾，不必浸藥水。至於後者，可以直接把抓到的昆蟲泡在濃度百分之七十的酒精中保存；酒精在一般的西藥房可買得到。一般體軟或昆蟲的幼蟲大多利用這種方式保存。

❓ 魷魚絲中的小蟲叫什麼？

問：我在魷魚絲中發現一隻全身毛茸茸的蟲子，一時情急把牠捏死；請問，那是什麼昆蟲，有毒嗎？

答：你在魷魚絲中所發現的昆蟲，全身黑褐色，上長有許多密密的長毛和細毛，那是鰹節蟲的幼蟲；這類蟲兒，通常以乾肉類為主食，因此貯藏的食品，例如火腿、魚翅、魷魚絲、肉乾……等，

都可能遭牠們蛀食為害，是常見的乾肉類害蟲之一；不過，這類昆蟲並沒有毒。當牠們發育成熟之後，會在裡面化蛹，再羽化成小甲蟲。

? 哪些昆蟲壽命最長？那些昆蟲壽命最短？

問：在昆蟲中，哪些昆蟲壽命最長？哪些昆蟲壽命最短？

答：昆蟲的壽命，不論是成蟲壽命或從卵開始計算，包括整個生活史和成蟲壽命，最「長壽」的是白蟻的后蟻，曾有活到五十歲的紀錄。而螞蟻，也可活十六年之譜。而在美國，有一種十七蟬，生活史長達十七年之久，這些都算是長壽的昆蟲。至於「短命」的昆蟲，如以成蟲壽命而言，有些蜉蝣，可能只能活一天左右，甚至數小時，十多個小時；但如把牠們的生活史也算在內的話，就不算是「短命蟲」，因為牠們的生活史長達半年至三年。

? 冬蟲夏草究竟是什麼？

 問：常聽到「冬蟲夏草」這個名詞，據說在冬天時是蟲，但一到夏天卻變成草，這到底是什麼動物或植物呢？

 答：其實，這是一群真菌的合稱；這一類真菌在冬天時寄生在昆蟲的個體上，這時候蟲子可能仍然能活動；但到了夏天，真菌的菌絲長滿蟲體，整個蟲體也就成了這類真菌的營養體，當然這個時候蟲子早已死亡，但外型仍是蟲子的樣子。在中藥上，這是一種貴重的藥材。

? 台灣最大的昆蟲是什麼？

 問：台灣最大的昆蟲是什麼？

 答：台灣產的昆蟲，已知種類多達一萬八千多種；但據估計，可能還有三、四萬種，甚至十多萬種亟待發現。有一種桿䗛（竹節蟲）可長達十五至二十公分左右；可是如以體寬、體長來說，卻

以津田氏大頭竹節蟲為最大。如以展翅寬來說，台灣產的皇蛾應是最大的，展翅寬為二十五至三十公分。而在甲蟲方面，體型較大的，是台灣長臂金龜，雄蟲前腳長十至十二公分；蝗蟲類中體型最大的，則為台灣大蝗，體長為七至九公分。

？ 世界上最大和最小的昆蟲是什麼？有多大？

問：我喜歡昆蟲，請問世界上最大和最小的昆蟲是什麼？有多大呢？

答：「世界之最」是許多小朋友常會提出的問題；以昆蟲來說，究竟以哪一種最大呢？如就重量來說，是產在南美洲的一種獨角仙，重量約一百公克左右。如論長度，是產在熱帶地區的一種竹節蟲，體長可達三十六公分。如論整個外型，那就是也產在台灣的皇蛾，曾有人在澳洲捕獲一隻雌蛾，展翅達三十六公分。至於最小的昆蟲，是一種小甲蟲——毛翼甲蟲，體長只有○‧○二公分；另外，有一種小寄生蜂，展翅長只有○‧一公分。

❓ 昆蟲有耳朵嗎？

 問：人有耳朵，昆蟲也有耳朵嗎？

 答：在台灣，昆蟲是小朋友們最常接觸到的小動物，他們也是有耳朵的；不過，昆蟲的耳朵不但和人耳大異其趣，同時，在構造上似乎要簡單多了。有很多昆蟲，例如蚊子、毛蟲，牠們所謂的「耳朵」，只是些聽覺毛而已，而較具耳朵「樣子」的，只有蟋蟀類、螽斯類及蝗蟲類而已；耐人尋味的是，牠們的耳朵，竟然不是位於頭部，而是長在腳上或腹部兩側。

以蟋蟀和螽斯來說，前腳脛節兩側的長形小孔也就是牠們的耳朵，裡面有許多導音桿，能傳達音波的振動；所以，每當牠們休息時，為了防止灰塵沾染，常會以口器、腳擦拭「耳朵」。而蝗蟲的耳朵，著生在腹部第一節兩側的圓膜狀構造，極容易觀察到。

❓ 世界上是先有蟑螂，還是先有人？

問：世界上是先有蟑螂才有人，真的嗎？請問：蟑螂是怎麼繁殖的？為什麼牠們被我們踩了幾下還不會死？還有家家戶戶常殺蟑螂，可是為什麼還是有很多蟑螂呢？

答：蟑螂出現於三億五千萬年前，而人類的祖先則在兩千五百萬年前才出現，因此蟑螂的出現時期遠比人類為早。蟑螂是以卵繁殖的，雌蟲把卵產在卵囊內，然後再孵出；由於這種昆蟲能耐受很強的壓力，因此往往得踩很多下才會死。至於家家戶戶撲殺蟑螂，可是牠們依然很多，原因主要可歸分下列四點：一、蟑螂的繁殖力強；二、牠們的個體小，食性雜；三、牠們常躲在隙縫，不易撲殺；四、牠們對殺蟲劑產生抵抗力。所以對這種令人頭痛的害蟲，除了家家戶戶要同時合力撲殺外，一定要保持住家、環境的清潔，使牠們找不到合適的棲息場所。

蟑螂沒有血？

 問：每當我打死蟑螂時，都看不見血；難道牠們沒有血？

答：有很多人總認為血的顏色是紅色的；其實，在許多無脊椎動物中，血液內通常不含血紅素，而含有血綠素，因此看起來幾乎透明無色。蟑螂就是這樣，所以你打死牠時，牠的血也會流出，只是顏色不是紅色；下次你不妨注意，流出的液體其實就是牠的血液。

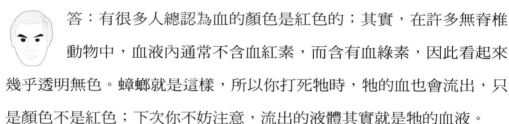 先有蟑螂還是先有恐龍？

 問：世界上是先有蟑螂？還是先有恐龍？

答：地球上的生物，是先由低等動物先出現，然後逐漸演化，再形成高等動物。蟑螂是無脊椎動物，而恐龍是脊椎動物，如從演化觀點來看，地球上是先有蟑螂，再有恐龍。而根據化石紀錄也可

發現，蟑螂早在三億五千年前就出現在地球上；可是恐龍卻在兩億年前才出現。如今，蟑螂依然猖狂於地球上，可是恐龍卻早在七千萬年前就在地球上消失了。

❓ 可有沒翅膀的蟑螂？

問：天氣漸熱，一到晚上我家有蟑螂出現，我好像看到一隻沒翅膀的蟑螂，可惜牠跑太快了，沒瞧清楚；會有沒翅膀的種類嗎？

答：看到沒有翅膀的蟑螂？嗯，你的眼力還真不錯！其實，在屋內沒翅膀的蟑螂可以說頗為常見，因為蟑螂是不完全變態類昆蟲，牠們的幼期只出現花芽一般的翅芽，每脫一次皮翅芽才會多一點一點點兒，所以如還沒蛻變為成蟲，似乎看不出長翅膀的樣子。不過，在台灣屋舍常見的六種蟑螂中，有一種家屋蟑螂，牠們即使變成蟲，也只有翅芽而已，所以看起來好像沒翅膀一樣。

? 為什麼夏天時蟑螂特別多？

問：為什麼夏天時蟑螂特別多？

答：蟑螂，這是最常見的居室害蟲；尤其是夏天時，由於溫度、溼度適於牠們發育、繁殖，而每一個卵囊可孵二十至四十隻，因此數量相當多。這段期間，如果廚餘、垃圾不好好處理，那麼就會增加牠們滋生、繁衍的機會，自然而然地，蟑螂也就越多了。

? 蟑螂有沒有貓般大的？

問：蟑螂會不會長得像貓一樣大？會不會咬人？

答：世界上有沒有貓般大的蟑螂呢？答案是沒有；因為根據化石證據顯示，即使是蟑螂的化石，也沒有貓般大，而現存的最大蟑螂——大蟑螂，體長也不過是十三公分而已。那麼，為什麼蟑螂不能長得像貓般大呢？那是因為每一種動物，牠們的體型大小，往往受基

因的控制，所以即使提供牠們最好的食物，最理想的生活條件，頂多只能比平常個體稍大一些而已。

蟑螂會不會咬人？不會的，這類昆蟲不會主動攻擊人類；不過，晚上吃東西後如果不擦嘴巴，牠們會聞「香」而來，找附上嘴角的食物渣打打牙祭，這時候牠們在吃東西時，也就會咬到人的嘴巴了；因此，奉勸不喜歡漱口、刷牙的大、小朋友，可得格外小心！

❓ 果真有白色的蟑螂？

 問：聽同學說他曾看過白色的蟑螂，果真有這回事？

答：大多數的蟑螂在剛孵化或蛻皮時，身體通常呈白色；可是和空氣接觸了之後，顏色會徐徐發生變化，而變成原本的顏色。所以，你的同學所看到的白蟑螂，應該是剛孵化或蛻皮不久的個體吧！當然，蟑螂也可能有所謂的「白子」，只是並不多見。

❓ 只有夏天才有蟬？

 問：為什麼蟬只有夏天才有？其他季節牠們到那兒去了？還有，蟬在一生之中，能生幾個蛋？

 答：在台灣及溫帶地區，到秋天及初冬還可看到一些蟬兒的成蟲呢！不相信的話，你不妨仔細觀察，只是在秋冬時，牠們的數目沒有夏天多而已；而其他季節看不到蟬的成蟲，那是由於成蟲已經死亡，可是牠們的若蟲（幼期），仍可在土中生活著；至於蟬兒在一生中的產卵數，有專家估計約四百至六百粒，但有些學者則認為沒有那麼多。

❓ 幼蟬是吃土長大嗎？

 問：昨天我抓到一隻還沒有長出翅膀的幼蟬；同學告訴我說牠是生活在土中，難道牠是吃泥巴長大的嗎？

 答：幼蟬的確是生活在土裡面，等到快要羽化為成蟲的時候才會爬出洞口，爬到樹上；而在牠生活於土中的時候，通常是以

植物的根部的汁液作為食物，所以牠並不是吃泥土長大的。而由於有些種類，例如草蟬的幼蟬，會吸甘蔗的根部的汁，使植株衰弱，因此被看成害蟲。

? 為什麼蟬被抓時會拉尿？

問：為什麼我在黏捕蟬時，一把牠們從樹上拉下來，牠們常會拉尿，淋得我滿頭都是呢？

答：那不一定是尿，也可能是樹汁；因為牠們在吸食樹汁時，一受騷擾或被人捕捉，插進樹幹上的口器一拉起來，樹汁便會從口器內流出而淋到人的頭上。還有，有些蟬要逃命減輕「負擔」時，也會從腹末排出一些尿般的液體，逃之夭夭。

❓ 為什麼夏天一到，蟬就會叫？

問：為什麼夏天一到，蟬就會叫？

答：蟬是大家所熟知的鳴蟲；牠們的幼蟲生活在土中，以植物根系的汁液為生；而每到夏天時，許多發育成熟的幼蟲會往地面上爬，爬到樹幹上羽化變為成蟲。這時候，具有發音器的雄蟬，便會在樹幹上嘰嘰地叫；不久，牠們和雌蟬交配，繁殖後代。所以，在夏天出現是由於幼蟲剛好在這段時間發育成蟬的緣故。其實蟬並不一定在夏天出現，有些種類在晚春，或秋冬才出現。

❓ 是不是所有的蟬都會叫？

問：是不是所有蟬都會叫？牠們是怎麼叫的？牠們的卵和幼期生活在什麼地方？

答：蟬的鳴叫，雖然具有呼朋引伴的作用，但最主要的目的是以聲波來誘引雌蟬；所以，只有雄蟬才會叫，雌蟬是不叫的。

然而，雌雄蟬怎麼區別呢？只要大家翻過牠們的腹部瞧瞧，也就一目了然了；在雄蟬的腹部前端，有一對發音器；發音器的上方是音箱蓋，內方為褶膜、鏡膜及鼓膜；而雌蟬則沒有這種發音器。

在發聲的時候，腹內 V 字形的發音肌會收縮，使鼓膜產生凹凸的現象，然後發出聲波，引起褶膜、鏡膜共鳴；這時候，隨著音箱蓋的啟閉，蟬聲也就有抑揚頓挫的現象了。而這也就是雄蟬的發音原理。

當雌蟬交配後不久，雌蟬會選擇枝條、樹幹或野果的裂縫，把卵產下；大約經過一個月，甚至到第二年的夏天，這些卵便孵化。孵化後，蟬寶寶再徐徐爬下樹，有些則直接掉落地面；不久，牠們會以較膨大的前腳爪掘開地面，潛入土中，再選樹根處，以針狀口器插入根中吸食汁液。

進入土中之後，蟬寶寶就開始漫長的地下生活；由於種類不同，幼期有短至一年左右的，例如草蟬；也有長達十七年的，例如美國產的十七年蟬。在這段期間，牠們可能因土質乾燥而乾死，也可能因土質太潮溼而被「淹」死；何況，土中還有不少捕食牠們或寄生牠們身上的天敵。所以，能順利蛻變為成蟲的個體，都歷經千錘百鍊，也難怪牠們在樹上會大叫個不停了！

蜜蜂為什麼會嗡嗡叫？

 問：為什麼蜜蜂飛的時候會嗡嗡地叫呢？

答：有很多小朋友以為蜜蜂飛的時候會嗡嗡叫是由於嘴色叫出來，其實不是，而是翅膀拍擊空氣所發出的聲音；蜜蜂飛翔的時候，翅膀振動的速度很快，而振動時由於搧動空氣，便會發出嗡嗡的聲音。在昆蟲中，蒼蠅甚至蚊子，也會發出類似的聲音。

為什麼蜜蜂在冬天要吃糖水？

 問：聽說養蜂人家一到冬天就得餵糖水給蜜蜂吃，真的嗎？為什麼呢？

答：蜜蜂是以花粉、花蜜作為食物，可是在台灣一到冬天或下雨季節，蜜源植物相當少，因此蜂農們往往要以糖水或花粉來餵飼牠們，否則牠們會因為找不到食物而餓死或發育不良。

？ 蜜蜂後腳上的黃色東西是花蜜？

問：我時常觀察蜜蜂採蜜，發現牠們的後腳上有團黃色的東西；請問，那是牠們採來的花蜜嗎？

答：蜜蜂，這是常見的有用昆蟲，牠們對人類最大的貢獻是傳播花粉；其次是釀造蜂蜜，牠們所分泌的蜂王漿（蜂王乳）及蠟片均能被人類所食用、利用。然而，蜂蜜是牠們利用吸進口中的花蜜，暫貯存前胃後，回巢交給內勤蜂所釀造出的。所以，位於後腳上成團的黃色物體並不是蜂蜜，而是牠們造訪花兒時所擭取的花粉，這些花粉是蜜蜂的主要食物。

？ 蜜蜂螫人自己會死掉嗎？

問：蜜鋒螫人之後，牠們自己會死掉嗎？如果會的話，牠們為什麼要自尋死路？

答：蜜蜂是一種社會性昆蟲，牠們十分合群，所以一旦受到侵擾，牠們為了群體的安危，會奮不顧身展開攻擊，因此可算是

把自己生死置之度外的蟲兒。在牠們螫人之後，由於螫針呈螺旋狀，好像有倒鉤一樣，如果猛然把針拔出，螫針就會斷在傷口裡，這時候牠們的內臟通常會受到很嚴重的傷害，不久，也就傷重身亡了。儘管如此，牠們依然不顧生死，勇猛地對抗侵擾牠們的對手。

❓ 雄蜜蜂都有螫刺？

問：請問哪一種昆蟲能在水中、陸地及天空中活動？還有是不是雄蜜蜂和雌蜜蜂都有螫刺？

答：能在陸地、水中及天空中活動的昆蟲並不多；像負子蟲、龍蝨雖然也能飛向空中，也能在地面上爬行，但主要的攝食及求偶活動，依然在水中進行。另外，雄蜜蜂無螫針；而雌蜜蜂可分成后蜂及工蜂，前者無螫針，只有產卵管，但後者，其產卵管已轉化成螫針。

? 后蜂會不會螫人呢？

問：后蜂螫人嗎？工蜂的性別呢？

答：蜜蜂的工蜂是雌性，牠們的螫針是由產卵管特化的，螫了人之後由於腹肌發生扭曲而受傷，因此在一天或兩天內就會死亡。至於后蜂，因為產卵管是產卵用，未特化成螫針，因此不會螫人。

? 被毒蜂螫了可用尿液塗傷口嗎？

問：我們自然老師說：「如果被毒蜂螫了，可以用氨水；假如沒氨水，也可用尿來代替。」果真如此嗎？為什麼？

答：在野外被胡蜂等毒蜂螫了，是件十分危險的事；如被螫，應迅速以氨水塗布傷口，如果傷勢嚴重，更應立刻延醫診治。可是，如果沒有氨水，也可以利用尿代替，因為尿中也含有氨的成分；而使用時，最好能加些水稀釋一下；雖然尿液甚臭，但為了急救，必須忍耐這種怪味。

虎頭蜂有幾根螫針？

 問：虎頭蜂那麼厲害，是不是牠們的螫針比較多？還有，牠們有幾隻腳？

答：虎頭蜂，也就是胡蜂，牠們是一種人見人怕的昆蟲，因為牠們致命性的螫針在螫人時會把毒液注入人體內，而引起刺痛、紅腫及中毒現象。但牠們會那麼厲害，是因為牠們體型大，注入人體中的毒液多、毒性強的緣故，並不是螫針比較多，其實牠們的螫針也只有一根而已；至於牠們的腳，和其他昆蟲一樣，都只有六隻。

蜜蜂的幼蟲可以吃嗎？

 問：我們村裡的人常吃蜜蜂的幼蟲，說牠們營養滋補，可真有這回事？

答：蜜蜂的幼蟲，含有高量的蛋白質，傳統上是一種可以食用的昆蟲；不過，由於牠們的成蟲能為我們種的植物傳播花粉，同時也能釀造蜂蜜，分泌蜂王漿，供我們食用；所以，最好別吃牠們，

這樣牠們也就能為人類做更多有益的事了，可不是嗎？

? 蜂王會產乳？

問：市面上到處到出售「蜂王乳」，而且廣告招牌累累，蜂王真的會產乳？

答：蜂王，也就是蜂巢之主，后蜂；這種蜂是雌性的，牠能控制全巢的活動；其實，牠唯一的任務是產卵，一隻后蜂，就等於一部「產卵的機器」。而俗稱蜂王乳的「皇漿」是這類后蜂的食物，這種俗稱的蜂乳是工蜂的咽喉腺所分泌的，並不是蜂王產生的。在蜂巢中，除了后蜂吃這些食物之外，一般的幼蟲在前三天大時，也能「享受」這種食物，之後便開始吃花粉和花蜜混拌的蜂糧；而后蜂幼蟲則一直吃蜂王乳長大。

? 蜂王乳和蜂蜜有何不同？

問：請問，蜂王乳和蜂蜜兩者間有什麼不同呢？

答：蜂王乳是工蜂的咽喉腺成熟之後，所分泌出來的物質，主要成分以蛋白質居多。而蜂蜜是工蜂採擷花蜜之後，和體內的酵素相拌，去除了其中部分水份所釀造出來的物質，所含的成分以醣類為多。所以，這兩種物質可由成分及生成的過程加以區別。

？ 蜂蜜能不能加熱水喝呢？

問：前天我用熱水加蜂蜜喝，媽媽說這樣喝對身體有害，請問是什麼緣故？還有，人能製造蜂蜜嗎？

答：熱水加蜂蜜喝理應對身體無害才對，至於一般人加冷開水喝只是習慣問題而已，如果你喜歡喝熱蜂蜜茶，我想沒什麼關係。至於人是否能造蜂蜜，答案是可能，但品質絕對不會比蜂蜜釀造的好；而市面上所謂「假蜜」，乃不肖商人用糖漿來騙人錢財的，因此在購買時，要特別小心，最好逕向有信譽的蜂場購買。

? 蜜蜂爬在水邊做些什麼呢？

 問：有好幾次，我到河邊玩的時候，經常看到好多蜜蜂在河邊的溼地上，難道溼地上也含有甜的東西嗎？

 答：並不是河邊的溼地上含有糖分才誘使蜜蜂飛來，蜜蜂飛到河邊溼地上的目的是喝水、採水；所以，別以為蜜蜂只採蜜、擷粉，牠們也需要喝水，並採集水分入巢，當氣溫高時會出噴水汽降低蜂巢溫度！

? 該如何拆除蜂窩？

問：我家頂樓有一窩蜜蜂，該怎麼清除呢？

 答：蜜蜂會螫人，如不留意，就有被螫的危險；而住家如有這種「違章建築」，的確令人頭痛！該怎麼呢？打「119」請求協助？其實，只要我們有妥善的準備，這種工作並不見非得要忙碌的119代勞不可。該怎麼做呢？拆除前，先緊閉門戶，拆除的人一定要穿

上雨衣，戴皮手套或塑膠手套，頭上戴有紗罩的帽子，千萬別留縫隙，使蜜蜂有「縫」可鑽。然後拿著噴煙器（如鼓風扇狀）直接對著蜂巢噴，使蜂群變得不活動，然後以捕蟲網套住蜂巢，把巢切下或打下。最後再把網中的蜂移到野外人跡少處。可是，這種工作最好在晚上進行；操作前應事先通知在附近走動的人，以免發生意外。還有，拆除時切忌圍觀。以免因誤失而起危險。

❓ 蜜蜂如何產蜜？被蜜蜂叮到該如何處理？

問：請問蜜蜂如何產蜜？萬一被蜜蜂叮到，怎麼辦？

答：蜜蜂的工蜂相當勤勞，經常飛到花上採擷花粉、花蜜，並把這些東西帶回巢中；花粉是放在後腳上的花粉籃和身體的細毛上攜回，而花蜜則暫時吞進前胃，也就是蜜胃之中。

在吸食花蜜的時候，工蜂能把花蜜和唾液相拌，然後貯藏在蜜胃內和消化液作用，回巢時再吐進巢穴之中。而在巢中工作的工蜂，每隔一段時間，會把穴中這些半消化的花蜜吸入口中再吐出，這也就是俗稱的「釀

蜜」；在這期間，蜜內的水分會蒸發一部分，而形成濃濃醇醇的蜂蜜。可是由於蜂蜜還存放在巢穴中，因此蜂農必須把巢穴累累的巢框取下，放進搖蜜機中，利用離心作用把蜂蜜取出；再經過濾，這也就是甜美可口的蜂蜜。

觀察蜜蜂，難免會被蜜蜂所螫；而由於蜂螫人時往往會把一種求救訊號——警報費洛蒙留在傷口，因此一被蜂螫，應立刻離開現場，以免被群蜂攻擊。然後，瞧瞧看螫針是否還留在傷口，如果留在傷口，應以細鑷子或尖指甲從螫針基部剔除，千萬別從頂端拔除，因為螫針上常連有毒囊，如由上往下拔除，很可能會把毒液擠入皮膚中而引起更大的痛楚。拔除螫針以後，可在傷口塗些稀釋的氨水；這樣，約經三、四天後便會腫消痛除。可是，如果被多隻蜂螫，或對蜂毒敏感，應馬上送醫診治。

? 螞蟻有沒有血呢？

 問：螞蟻是不是沒有血？要不然上次妹妹在玩螞蟻時不小心捏死牠們，怎麼沒看見血呢？

 答：一般人認為血的顏色都是紅的，其實不然，就以螞蟻來說，牠們的血液是透明而且幾近無色，因此即使牠們被捏死，而血液外流，也不太容易看出。

不過，捏死牠們時，旁邊流出的液體就是牠們的血液；一般，昆蟲的血液，又有體液之稱。

? 螞蟻有骨頭？

 問：螞蟻究竟有沒有骨頭呢？看得到嗎？

 答：螞蟻是大家常見的「小」昆蟲；可是牠究竟有沒有骨頭呢？答案是有；不過這種骨頭並不是真正的骨頭，和高等動物的內骨骼不一樣。這些骨頭是體壁內陷或肌肉鍵特化而成的，但功用和

內骨骼相似。由於螞蟻身體很小，因此想「看」到牠的骨頭，除了要有好的解剖儀器外，也要有較高倍率的放大鏡。然而，為了便利觀察，不妨解剖一隻大蝗蟲，取出消化道後，把牠的身體背部剪開，放在二十倍的放大鏡下觀察，也就能「看」到牠們的「骨頭」了！

❓ 螞蟻有沒有神經？

問：請問螞蟻有沒有神經？為什麼用電觸都沒反應？

答：螞蟻是昆蟲類動物，牠們和其他昆蟲一樣，有腦、有神經索，具有中樞神經系的集中神經結構。至於用電觸都沒反應，是不是因為牠們的體壁厚，不導電，或你的實驗方法不對，都有待進一步試驗。不過，電十分危險，想做這種試驗一定要有老師、爸媽在旁指導才行。

斷頭螞蟻還能動？

 問：有一次，我捉到一隻螞蟻，不小心扭斷牠的頭；可是，牠的頭和腳卻仍能動約三、四十秒之久；為什麼？

答：不小心扭斷昆蟲的頭，結果分斷的頭和身子，卻依然能動，這是大家常發現的現象，可是，為什麼會這樣呢？原來，小如螞蟻之類的蟲兒，牠們的體內依然有縱走的神經索，這條位於腹面的神經索，上面有球狀的神經球和體內各部分的器官相接。器官的運動，通常和神經系統有密切的關係；當牠們的頭斷了之後，神經作用並未立刻消失，所以依然能引起肌肉或器官的收縮，自然而然地，斷了的頭和身體，便能連續作最後的「掙扎」。

螞蟻會中毒嗎？

問：我發現螞蟻幾乎一看到能吃的東西就搬，牠們如搬到有毒性的物質，會不會中毒呢？

答：任何動物，如接觸到有毒的物質，只要劑量足以達到中毒的程度，就有中毒的危險；而螞蟻在搬運東西的時候，是利用口器銜著，所以如銜著含有毒性的物質，當然也會有中毒的危機。不過，你也可以利用含有毒的蛋糕或餅乾在蟻洞附近試驗看看，但一定要小心，別給貓、狗誤食了，也別用手去摸這些毒餌，市售許多驅蟻劑，有些配方是含毒藥的食餌，讓工螞蟻搬回巢內造成食用後集體中毒。

？ 螞蟻有牙齒嗎？

問：聽說螞蟻會咬死人，牠們有牙齒嗎？另外牠們有眼睛嗎？

答：螞蟻是一種常見的昆蟲，種類甚多，當牠咬人時會分泌蟻酸，而引起奇癢刺痛；在正常情形下，牠們只會騷擾人畜，不會致使人畜死亡。不過，根據國外的報導，也曾有人畜被群蟻攻擊而死；但是那只是少之又少的偶發事件；少數種類像入侵台灣的紅火蟻，螫人時螫針含，在美國曾發生成群螫人的紀錄。螞蟻沒有人類般的牙齒，而咬人時是利用銳利的大顎；至於眼睛，除了少數盲蟻類外，大多

數種類的螞蟻都有眼睛。

❓ 為什麼螞蟻咬人後會刺痛發癢？

問：為什麼被螞蟻咬到之後，總會十分刺痛，而且癢得要命呢？

答：螞蟻，尤其是野外常見的舉尾蟻，大顎非常發達，咬人時相當痛，而在咬人時，牠們也會把唾液注進人體的皮膚內；由於唾液中含有蟻酸，這種物質會使皮膚產生過敏反應，而造成發癢的現象。所以，被螞蟻咬了之後，患部不但刺痛，也會發癢紅腫。

❓ 螞蟻要不要喝水？

問：有一天我拿一桶水倒在門外，發現有許多螞蟻圍在水窪旁，好像喝水一樣，螞蟻也喝水嗎？

答：螞蟻也需要水份，不過牠們也能從食物中獲得自己所需要的水份；你把水倒在地上，牠們圍了過來，應該是在喝水。

❓ 有吃樹葉的螞蟻？

問：聽說有吃樹葉的螞蟻，真的嗎？

答：在南美洲，有一種切葉蟻，能把樹葉切斷，然後一片片銜回洞中，但是牠們並不是吃這些樹葉，而是吃這些樹葉發酵所長出的真菌菌絲。也就是說，牠們把樹葉銜回洞中之後，巢內的工蟻會把它們咬成碎片，以供真菌生長，而牠們才吃這些真菌的菌絲。

❓ 為什麼螞蟻知道糖果放在哪兒？

問：為什麼螞蟻那麼厲害，牠們竟然知道我放糖果的地方？

答：螞蟻是一種嗅覺相當靈敏的昆蟲，這種昆蟲的觸角上有敏銳的嗅覺器；而牠們平常最喜歡的食物是含有糖的東西，因此如果有糖果、糖粒或蛋糕、餅乾掉落在地面，不久牠們就會成群集結而來，並合力把這些食物搬走。所以，為了防止牠們再來「拜訪」，你可

要把這類食物收拾好，放在密閉容器內，再不然你可要和牠們共享糖食了喔！

? 樹上的螞蟻和蜜蜂是用什麼東西築巢？

 問：我一直覺得奇怪，樹上的螞蟻巢究竟是用什麼築成的？蜜蜂的巢是什麼築成的？

 答：棲息在樹上的螞蟻能以口器咬嚼樹葉、木頭和唾液相拌造出紙質的巢穴，並能纏繞一些雜草，建成圓形或橢圓形的窩；如果小朋友們沒看過，下一次郊遊時多注意吧！

而蜜蜂的工蜂，能分泌蜂蠟，牠們就是以這種蜂蠟來建造六角形的穴室，許許多多六角形的穴室集合起來，也就形成了蜂巢。

? 螞蟻洞上的小土粒是哪兒來的？

 問：螞蟻常在地下活動，請問洞旁的小土粒是哪兒來的？

答：螞蟻的「家」，有建造在樹上、葉間的，也有建造在地下的；建造在地下的螞蟻，會挖掘許多隧道，以供作棲息、貯藏食物或供幼蟲、蛹生活的空間。於是，在挖掘隧道時，牠們便得把掘出的小土粒推出洞外；所以洞旁的小土粒全都是螞蟻工蟻在築巢挖隧道時所啣出或推出洞外的。

❓ 不同種類的螞蟻，生活方式也不同？

問：不同種類的螞蟻，生活方式是不是不同？

答：在已知的一萬種左右的螞蟻中，大部分種類，牠們的生活方式都大同小異，而且牠們都過著社會生活。不過有些特殊的種類，生活方式卻有些特別。有一種行軍蟻，牠們宛如游牧民族一樣，每到一地，集結覓食數月之後，便會拔營，繼續前進。還有一種蓄奴蟻，牠們會掠奪他種螞蟻的蛹，然後迫使羽化的工蟻為牠們覓食做工。

? 如何消滅螞蟻窩？

問：我家發現一個好大的螞蟻窩；請問，該怎麼消滅它呢？

答：如果螞蟻窩是造在院子裡的樹上，最根本的「消滅」方法是把枝條剪掉，然後連窩一塊兒燒燬。可是，假如螞蟻窩是築在屋內的地面，你可先把地面上的沙堆清除，然後找出洞口所在，以水泥拌和細沙，把洞堵住；這樣，也就能一勞永逸了。還有，應多清理屋內，別讓食物——尤其是含糖的東西掉落地面，因為食物一多，這些「不速之客」也就不請自來。不過螞蟻是生態系中的成員，如果不干擾我們，不妨放牠一馬，也不一定要把牠們的窩燒毀。

? 如何對付螞蟻？

問：我家每天都打掃得乾乾淨淨，可是總有成群結隊的螞蟻出現，為什麼呢？如何消滅牠們？

答：在屋舍中，螞蟻的確是一種招惹人怨的昆蟲；牠們幾乎什麼都吃，但對於甜的東西，特別喜愛。貴府每天勤清掃，可是螞蟻仍多，據我判斷，如不是有人吃東西不小心把小小的屑掉在地上，就是有含糖的東西沒收拾好；因此，不妨多注意，避免食物的屑粒和糖等暴露，使牠們有機可乘。如果家中螞蟻很多，當然可噴殺蟲劑；不過，如有小朋友使用殺蟲劑，應特別小心；再不然就是找出螞蟻大軍侵入貴府的「要塞」，用水泥或口香糖膠把洞口塞住，以免牠們不請自來。

❓ 絲瓜上有螞蟻該怎麼辦？

問：我家的絲瓜開了花，全家人好開心；可是，卻發現來了一群螞蟻啃了花朵和嫩芽，該怎麼辦呢？

答：在家中，在作物上，螞蟻可算是惱人的昆蟲；不過，牠們會出現在絲瓜上，可能瓜上有介殼蟲或蚜蟲寄生，牠們是前去吃這些蟲兒所分泌的蜜露，也趁機吃吃花蜜，所以花上的洞洞及被啃的嫩芽，可能是黃守瓜或黑守瓜（一種小小的甲蟲）的傑作，應該不是螞

蟻吃的！而如要防除這些螞蟻，應先除掉葉了上的介殼蟲或蚜蟲，或噴些殺蟲劑除去黃手瓜、黑手瓜；預祝貴府的絲瓜，早日開花結果。

❓ 蜜蟻會釀蜜？台灣有嗎？

問：聽說美洲、澳洲產有一種能採蜜的螞蟻；請問牠是不是也能釀蜜？台灣可有？

答：蜜蟻是一群十分奇特的螞蟻，工蟻能把採回的花蜜貯藏在巢中部分工蟻的腸道中，以備不時之需；所以，這些工蟻經常是圓滾滾的，好像小球一般。可是，這些花蜜只是暫時貯藏在「活倉庫」中，如果其他工蟻飢餓時會以觸角碰觸牠們，牠們便會把花蜜吐出，所以和蜜蜂釀蜜的現象不太一樣。不過，仍是有人以捕捉這種含花蜜的螞蟻為食就是；可惜，這種「怪」蟻台灣沒有，牠們產在中美洲及澳洲地區，是有名的蜜壺蟻。

❓ 螞蟻會採蜜？

 問：我在學校被分派到花圃掃地，有時候發現螞蟻在花朵裡爬來爬去；請問牠們不是在採蜜呢？

 答：在許多人的印象中，好像採蜜只是蜜蜂的責任；其實，在昆蟲中，會採蜜的種類並不只有蜜蜂而已！

像許多螞蟻、食蚜蠅、蛾類、蝶類……等，也都會在花朵中採擷花蜜。而花朵間如果蚜蟲多，由於蚜蟲會分泌螞蟻喜歡的甜汁 —— 蜜露，也常會誘引螞蟻前來；在中美洲有一種蜜壺蟻，則是一種專門採蜜為食的螞蟻。

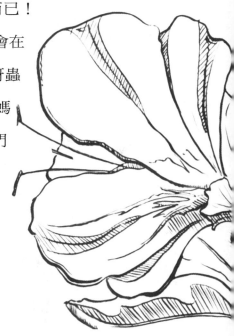

❓ 剪掉觸角的螞蟻會迷路？

問：如果把螞蟻的觸角剪掉，那麼牠們會不會迷路？

答：螞蟻的觸角上著生許多敏銳的嗅覺器官，憑藉這些嗅覺器官，牠們能覓食及找尋同伴經過的路徑，所以如果把螞蟻的觸角剪掉，牠們可能就會迷路了。

❓ 梅雨季節為何總有一大群飛蟻？

 問：梅雨季節期間，晚上在燈光下，我們總可以發現一大群飛蟻，這是什麼蟲？請問牠們為什麼會在這個時候出現？

 答：就以梅雨期間成一大群出現的白蟻來說，在民間很多人都知道牠們是「大水螞蟻」，很多人都以為牠們是螞蟻的一種，其實不然；而且很多人看到牠們集群出現，就以為「大水」（洪水）要來了果真如此嗎？

在台灣，每年在梅雨期間成群出現在燈光下的飛蟻，也就是俗稱「大水螞蟻」的白蟻；其實，牠們並不是螞蟻，因為螞蟻是膜翅目昆蟲，而白蟻是等翅目昆蟲，兩者在血緣上相差甚多。

然而，該怎麼區分這兩類蟲兒呢？首先，可先瞧瞧牠們的觸角；螞蟻的觸角是膝狀，而白蟻是念珠狀。其次，螞蟻的體壁堅硬，胸、腹間細瘦；而白蟻的體壁通常柔軟，胸、腹間較為寬廣肥大，兩者甚易區分。

不過，這兩類蟲兒也有共同點，就是牠們都過著社會生活。在白蟻王國中，有生殖族、工族及兵族之分；前者惟一的任務是傳宗接代，而工族是負責全巢的覓食、築巢、清潔、育幼……等工作。至於兵族，是巢中

的戰士，以捍衛全巢為己任。

在自然界中，白蟻以枯木及植物為主食；多數這類蟲兒的後腸，有一種原生動物——鞭毛蟲共生，因此能消化木材纖維。所以，在林區及屋舍中，牠們常被視為害蟲。在台灣，每年的梅雨季節，正好是牠們的生殖族成熟、繁衍的時期，這類蟲兒具有趨光性，同時在交配前又有「結婚飛行」的習性，因此常在陣雨前後的傍晚，群飛至燈光下。

在牠們行空中結婚「大」典之後，雌、雄蟻會降落地面，並把翅膀脫落，彼此相互追逐求愛。交配過後的后蟻會找尋罅縫，建立自己的王朝。因此，如有白蟻「闖」入貴府，大家可要注意，別讓這些不速之客喧賓奪主，而對房舍造成傷害。

紡織娘是一種蟬嗎？

 問：上次上國文課時談到紡織娘，同學說那是蟬的一種，但我不太相信，牠們是蟬嗎？

答：紡織娘和蟬兒一樣，都是一種有名的鳴蟲，很受許多國人的喜愛；但是紡織娘並不是蟬兒的一種，牠們的血緣和蝗蟲、蟋蟀等較為相近，昆蟲學家們稱牠們為螽斯。

螽斯的叫聲很奇特，牠們不是用口或鳴器發音，而是利用前翅相互摩擦來發出悅耳的聲音。

蟋蟀的耳朵果真是長在腳上？

 問：聽說蟋蟀的耳朵是長在腳上，果真有這回事？

答：蟋蟀是常見的昆蟲，雄蟲會以摩擦翅膀的方式發出聲音，是一種著名的鳴蟲；而雄蟲也利用聲音來吸引雌蟲。可是，雌蟲如何聽到雄蟲的叫聲呢？原來，在雌蟋蟀的前腳脛節上有相當於人類

耳朵聽覺器；這種聽器呈縱裂深溝狀，內有導音桿，可聽出雄蟲的叫聲或周遭的聲音。其實，雄蟲也具有這種結構，因此抓到蟋蟀時不妨瞧瞧牠的前腳，觀察牠的「耳朵」和人耳有什麼不同。

？ 夜晚嘰叫個不停的蟲兒是什麼呢？

問：晚上嘰叫個不停的蟲兒是什麼呢？

答：在台灣，四季不明，因此只要天氣好，入夜之後常聽到嘰吱的蟲鳴。這類蟲兒，主要有兩類，一是蟋蟀，另一是螽斯。前一類的聲音通常較無節奏性，音量也較小；而後一類的鳴聲，大多較大，而且節奏感十分明顯「ㄎ一　ㄉ一　ㄎ一　ㄉ一」的，好像古時候婦女紡織的聲音。而如果你對這兩種蟲兒有興趣，不妨入夜後請家人拿手電筒陪你出去找找，瞧瞧牠們的廬山真面目。

？ 為什麼蟋蟀的洞上有小土堆？

問：為什麼蟋蟀的洞口上會有小土堆？這些土哪兒來的？

答：蟋蟀的棲息場所分為會挖洞穴居及不挖洞穴居的兩類；在台灣，被人類食用的台灣大蟋蟀是屬於前者，而鬥著玩的黑蟋蟀是屬於後者。會挖洞穴居的蟋蟀為了清理出隧道，會把小土粒堆向洞口而形成小土堆，這不但為了方便，也是一種隱蔽洞穴的作用。沒想到這種小蟲兒也有「礦工」的絕技吧。

？ 怎麼養蟋蟀？

問：蟋蟀吃些什麼呢？怎麼養呢？牠們是不是屬於甲殼類？

答：蟋蟀通常取食幼嫩的植物，但也可吃西瓜、熟果或動物性食物——例如魚肉、魚乾，除此之外，也可用餵貓、狗的乾飼料來餵牠們；飼養時可準備一個塑膠或紙容器，裡面放些乾淨的土及供

牠們躲藏的木塊或小磚頭、小瓦片，隔幾天噴少許水以保持溼度，再放食物餵養，算是容易飼養的昆蟲；這種動物是昆蟲的一種，不屬於甲殼類。

❓ 大蟋蟀吃些什麼？

 問：我到奶奶家灌蟋蟀，想把牠們帶回來養，但不知道該餵什麼好？

 答：一般，用水灌的蟋蟀是台灣大蟋蟀，牠們通常吃植物幼嫩的莖部及根系；所以餵養時可供給嫩一點兒的菜葉、地瓜莖葉，但記得在箱子內放五至十公分深的土，好讓牠們能鑽洞穴居。

❓ 土猴是什麼動物？

 問：「土猴」是什麼動物？

答：俗稱的「土猴」，是指一種可以食用的台灣大蟋蟀，在台灣各地少用農藥的菜園、旱地、沙灘都能發現。

❓ 為什麼拍打蚊子要比蒼蠅容易？

問：當我們覺得有隻蚊子在眼前飛時，只要對準目標，雙手一拍，蚊子即死；而當蒼蠅在手或腳上時，正想伸手拍，牠們便飛走了，為什麼呢？還有，為什麼用蒼蠅拍又比手拍容易呢？

答：拍打蚊子比拍打蒼蠅容易，是由於蒼蠅的視覺和飛翔速度都要比蚊子好，因此每當我們手一伸出，蒼蠅便會發現而迅速飛走；蚊子視覺沒蒼蠅好，速度也比較慢，當然就死在我們的掌下了。至於用蒼蠅拍拍打蒼蠅要比用手容易，那是因為使用蠅拍時所拍擊出的速度要比手快，同時蠅拍的面積也比手大，拍打到牠們的機會也較大的緣故。

？蚊子吸食不同血型的血液紅血球怎不會凝結呢？

問：為什麼蚊子吸了各種血型的血液，卻不會紅血球凝固而死？

答：蚊子在吸食人血的時候，唾液中含有一種抗凝血作用的物質，因此吸食時能把血液源源不絕地吸進胃內，而不會凝結。
對啦；提醒你蚊子吸血是以血當作食物，而不像人類輸血時是把血液輸進血管中，所以不用擔心不同血型相混，有凝結之虞。

？蚊子在冰箱中是冰死還是悶死的？

問：有一天我發現一隻蚊子飛進冰箱中；不久，我發現牠的屍體；牠是凍死還是悶死的？

答：這種小蟲兒是以氣孔呼吸，如以冰箱的空間及貯存的空氣來說，對於牠呼吸所需的氧氣，應是綽綽有餘，因此應不至於悶死；所以，如分析牠的死因，應是冰箱持續的低溫把這隻可憐的小蟲兒給凍死了。至於多少度會使牠凍死，就得靠你做做小實驗試試了。

蚊子有沒有血？

 問：蚊子本身是不是沒有血，而需吸我們的血後才有血的？

答：蚊子吸人血或其他動物的血液是把血當成牠們的食物，不
會流入牠們的血管中。而蚊子本身也有血液，但是循環的時候
是開放式的，不是像高等動物是閉鎖式的。對啦！如果你沒看過蚊子的
血液，當你把牠打死，留在你手上的透明液體也就是牠的血液。

 ## 兩千公尺以上的高山可有蚊蟲？

 問：冬天的時候，蚊子很少，那麼在兩千公尺以上的高山中，
是不是也找得到蚊子？

答：蚊子的分布範圍相當廣，其中有些種類不但能生長在兩千
公尺以上的高山之中，在冰天雪地的極區，也有這類蚊子生活
著呢！也許你會覺得驚訝，在北極的夏天，也有蚊蟲會騷擾人畜呢！而
在台灣，一到晚秋以後，蚊蟲便較為少見，可是依然存在著。

❓ 蚊香有毒嗎？

問：蚊子為什麼怕蚊香？蚊香到底是含有什麼？有沒有毒呢？

答：蚊香中所含的主要成分是二氯松（DDVP）及除蟲菊精，這兩種主要成分，都是殺蟲劑，蚊子接觸了之後都會中毒；不過由於含量不高，所以還不至於對人畜造成威脅，可是使用時仍要小心就是。

❓ 雌蚊會吸人之外的動物血液嗎？

問：雌蚊只吸人血嗎？會不會吸食其他動物的血液？還有，為什麼蜜蜂叮人，自己會死掉，而蚊子卻不會呢？

答：蚊子的種類很多，但雌蚊並不是只吸食人血，有很多種類的雌蚊會吸食鳥兒、蛇類、蛙類，甚至其他昆蟲的血液呢！至於蜜蜂叮人會死，是因為螫針被拉出體外，腹部肌肉嚴重受傷的緣故；而蚊子吸血是利用針狀的口器，這種口器在吸血後拔出皮膚時，並不會

斷裂受傷，因此不會死亡。

? 為什麼蚊子會嗡嗡叫？

 問：在晚上睡覺的時候我偶爾會聽到蚊子在耳朵旁嗡嗡叫，這到底是怎麼一回事呢？

 答：那種聲音是蚊子急速鼓動翅膀所發出來的，這也是牠們騷擾人畜的方法之一，這時候如果不將牠們擊斃或趕走，不久牠們即會停下來吸血。

? 為什麼蚊子怕煙？

 問：蚊子怕蚊香主要原因是蚊香中含有殺蟲藥劑的成分，可是牠們好像也怕一般的煙，為什麼呢？

 答：蚊子是昆蟲的一種，而昆蟲通常具有氣孔，內通呼吸作用的氣管系，而煙多的話，許多肉眼看不到的小微粒會堵塞牠們的氣孔，讓牠們呼吸困難；有時候如果一氧化碳及二氧化碳濃度太高，也會使牠們窒息而死，所以蚊子都很怕煙。

❓ 蚊子只在晚上活動？

問：蚊子是不是只在晚上活動？白天牠們躲在哪兒了呢？

答：蚊子的種類相當多，光以台灣而言，大約有一百四十餘種，其中大多數種類是在夜間活動；夜間活動的蚊子，白天如不是躲在家中陰暗的地方，就是藏匿在野外隱蔽之處。可是，也有些種類，例如腳及身體有白斑的白腹叢蚊，牠們卻是在白天活動的；在白天，人們於野外活動時最常受牠們的「空襲」，令人不勝其擾。所以也有只在白天活動的蚊子。

❓ 蚊子為什麼常在黃昏時飛到人們的頭上？

問：每到黃昏，如在野外逗留，常會發現蚊子會成群在頭上打轉，這究竟是什麼原因呢？

答：大多數種類的蚊子，都在黃昏以後開始活動；而這時候，也是雄蚊覓偶交配的時刻。在野外，蚊子交配時常會選定一個

地方活動，人在野外，頭部常成為蚊子活動的標的；另外，由於牠們對於人們排出的二氧化碳及體溫也十分敏感，因此也就常會繞在人們的頭上打轉。

❓ 為什麼水面如果灑油或石油孑孓會死亡呢？

問：為什麼溝中如果有孑孓，只要在水面上灑些油或石油，牠們就會死翹翹呢？

答：孑孓的身體末端，也就是腹末，有根長長的管子，那是牠們的呼吸器官（叫做「呼吸管」）；所以在水中，每隔一段時間，牠們會把呼吸管露出水面呼吸。

如果把油或石油灑在水面上，那麼牠們就無法進行呼吸，不久便會窒息而死，不過由於這種滅蚊法會汙染水源，所以現在幾乎不用灑油、灑石油的方式滅蚊了。

❓ 蚊子吸動脈的血？

 問：蚊子吸血時，是吸動脈中的血，還是靜脈中的血呢？

答：蚊子在吸食人血時會分泌唾液把人的皮膚溶化，然後以尖長的刺吸式口器刺進人體的微血管中，把血液吸進腸道內；由於吸食時會分泌抗凝血素，因此微血管中的血會徐徐流出。所以，蚊子吸血時是從微血管中獲得血液，而不是「抽」自動脈或靜脈，如果牠非得從這兩種血管吸血，牠們豈不是要像醫生打針或動手術一樣，非先找到這兩種血管不可？如此，牠們來得及嗎？可能吸不到血，早就死在人類的掌下了。

❓ 為什麼只有雌蚊才叮人？

 問：為什麼只有雌蚊才會叮人？

答：因為卵巢發育需足夠的養分，所以必須吸食動物的血液，只有雌蚊才吸食人血；而雄蚊在羽化時精巢已發育完成，所以不需要吸食血液，而只吸水分。

❓ 為什麼蚊子停下來時較不易被發現？

問：為什麼蚊子停下來叮人時，我們不易發現；而蒼蠅一停下來，我們卻能馬上察覺？

答：蚊類和蠅類在飛行時，都會發出聲音，但蚊類所發出的聲音比蠅類小；同時，蚊子的體型較小，停在皮膚上時，人們也比較感覺不出，直到牠們把針狀的口器插進皮膚時，我們才會察覺。然而，不管是蚊類或蠅類，都是衛生上的大害蟲，所以我們一定要保持良好的環境衛生，門窗最好能設紗網，這樣也就能減少被牠們騷擾或刺吸的機會了！

? 蚊子叮了醉漢後會不會醉？

問：如果蚊子叮了醉酒的人，牠會不會醉倒？

答：人喝酒之後，酒精會進入血管之中；喝的量越多，酒精的含量也越多。這時候，如果蚊子從微血管中吸取酒醉人的血的話，假如吸取的量夠多，牠們也可能會因而「醉」倒，因為酒精也一樣會使蚊子的神經受到刺激。

? 蚊、蠅、螞蟻會不會大小便？

問：有個問題困擾我很久，那就是蠅、蚊、螞蟻到底會不會大、小便？

答：就一般人的眼光來看，蚊、蠅、螞蟻這些小昆蟲似乎不具有任何排泄器官，當然談不上什麼大、小便了！實際上，這類小動物都具有排泄器官，也能排出和大、小便類似的廢物。只是牠們體型奇小，大、小便的量小而不被大家所注意罷了！

❓ 蒼蠅怕黑暗？

問：我們參觀汽水公司時曾通過黑黑的道路才能到工廠，聽說是為了防止蒼蠅進入，真的嗎？還有，在大白天陽光普照的地方為什麼看不到蚊子？牠們怕日光嗎？

答：在許多食品公司，由於怕蒼蠅等昆蟲汙染食物或騷擾，常千方百計防止雜蟲侵入；而蒼蠅是一群趨光性的昆蟲，如果能把通往工廠的走道、道路弄得漆黑，或設立兩道紗門，牠們也就無法進到廠內去了！而晚上活動的蚊子通常在黑暗的地方活動，所以牠們很少在陽光普照地區出現；但在白天活動的蚊子，通常比較不怕光。

❓ 沒有翅膀的蒼蠅活得了嗎？

問：如果把蒼蠅的翅膀燒掉，牠們活得了嗎？

答：昆蟲的翅膀是牠們覓食、求偶、逃生的工具，如果把牠們的翅膀除掉，牠們也就無法自然進行這些活動，所以往往在短

短的時間內死亡。因此，如果把蒼蠅的翅膀燒掉，那麼牠們是很難存活下去的。

❓ 蒼蠅、蟑螂吃些什麼？

問：蒼蠅吃些什麼呢？而蟑螂又吃些什麼呢？

答：蒼蠅、蟑螂是日常生活中最為常見的兩大類害蟲，牠們所取食的東西，以汙穢或腐敗的食物及有機質為主，有些蠅類會分解動物的屍肉；因此如果要防範這兩類害蟲滋生，必須注意居室及附近環境的清潔。

❓ 蒼蠅為什麼喜歡在糞堆上活動？

問：蒼蠅為什麼喜歡在糞便上活動？

答：蒼蠅是一種會攜帶不乾淨東西的昆蟲，牠們常以腐敗或發酵的東西作為食物，因此喜歡在糞堆上活動。而除了攝食之外，這類蟲兒也常把卵產在這類穢物上。所以，在糞堆上活動除了攝食之外，雌蠅也會進行產卵；因此，如環境中有汙穢的東西，應予以清除，以免這類害蟲滋生。

？ 怎麼區分雌、雄蒼蠅？

問：在學校上自然課時，弟弟的自然老師要班上每位同學抓一對蒼蠅觀察；回家後弟弟要我幫牠抓，可是我不知道怎麼區別雌雄？

答：蒼蠅，也就是家蠅、麗蠅、肉蠅……的總稱；這些蠅類的複眼都相當發達，而牠們之間有一共同特徵，那就是雄蠅的複眼特別大，兩複眼間幾乎沒有什麼明顯的界線；而雌雄的複眼雖然不小，可是兩複眼間，還是有比較明顯的界線存在；所以，由兩複眼間距離的大小，也就能區分雌雄了。

❓ 為什麼苦瓜被蟲子叮了，就會發育不良？

問：常在苦瓜上面叮的蟲子叫什麼呢？為什麼苦瓜一被叮，就會發育不良或畸形？

答：有很多人認為蜜蜂會把苦瓜「叮」壞了！其實，這是不對的，叮苦瓜的昆蟲是一種蠅類——瓜實蠅，牠們會把卵產進瓜肉之中。而卵孵出以後，蠅蛆會在瓜肉中蛀食，並誘發細菌性潰爛，使苦瓜發育不良、畸形，甚至腐爛而落瓜的現象。因此，在苦瓜結果時，最好能用紙或塑膠袋把它們包裹起來，以減少瓜實蠅的危害。

❓ 蒼蠅為什麼不會得霍亂？

問：蒼蠅會把霍亂的病原傳染給人類，為什麼牠們不會得霍亂呢？

答：這個問題也曾使大專家們傷過腦筋；蒼蠅之所以不會得霍亂，那是因為牠們只是攜帶這些病原的媒介，是中間寄主而已，對牠們本身的影響不大，所以也就不會得病了！不過，有些傳染病

的媒介，雖然本身不會得病，但活動力可能會減弱，或雌蟲的產卵率減低，壽命降低。

❓ 為什麼蒼蠅常搓前腳？

問：為什麼蒼蠅休息時，兩隻前腳常搓來搓去？

答：蒼蠅雖然人見人厭，可是牠們似乎挺愛乾淨的，因為每當休息時，總會把兩隻前腳互搓；這究竟是怎麼回事呢？原來，在牠們的前腳上有爪間體，上方有微小的腺孔，能分泌黏液，以便倒懸步行在光滑的平面或物體上。可是，牠們出沒汙穢的地方，爪間體會附上灰塵之類的髒東西，為了分泌出來的黏液不會被灰塵沾染而失去作用，牠們一休息時，就互搓前腳，清除沾附上方的髒東西。

❓ 為什麼蒼蠅會生出蛆呢？

問：有一次我打死一隻蒼蠅，發現牠排出許多蛆，為什麼牠會生出蛆呢？

答：拍打蒼蠅，有時候會發現牠的腹末會排出一隻隻活生生的蠅蛆，這是什麼原因呢？難道牠被寄生了嗎？不是的！因為這些蠅蛆是蒼蠅生出來的。原來這種昆蟲，除了卵生之外，也有卵胎生現象；也就是生下來的卵，有的並不會直接排出體外，而留在母體內孵化，等到變成蠅蛆時，才一隻隻排了出來。拍打蒼蠅時，等於給這種昆蟲壓迫力，於是一隻隻的蠅蛆也就生出來了。

❓ 老鼠屍體內的蛆是原有的嗎？

問：老鼠死後體內的蛆是不是原來就有的？

答：不是的；當老鼠死後，曝屍野外，這時候，有一種蒼蠅——肉蠅會飛到屍體上面產卵，當卵孵化之後，這些蛆會在腐

肉中鑽動蛀食，然後逐漸發育，最後並在屍體附近的土中化蛹。所以，我們知道老鼠體內的蛆並不是原來就有的，而是肉蠅產下的卵所蛻變而成的。任何動物，如果曝屍荒野，也經常會被肉蠅的蛆所分解，所以肉蠅在野外是扮演清道夫的角色。

❓ 為什麼說「蚜蟲是螞蟻的乳牛」？

問：書上說：「蚜蟲是螞蟻的乳牛。」這句話是什麼意思？還有，為什麼蚜蟲多的地方，瓢蟲也多了？

答：蚜蟲是甘藍菜、萵苣及許多植物上最常見的小昆蟲，體長只有〇‧二至〇‧五公分；牠們常用針狀的口器刺進植物的組織內吸食養分。而在牠們吸食之後，會把多餘的含醣物質──蜜露由腹末的肛門排出；這些物質是螞蟻所喜愛的。所以，有蚜蟲的地方，常有螞蟻群集。

有趣的是，在溫帶地區或寒冷的地方，入秋以後，螞蟻會把蚜蟲的卵搬進蟻巢中，而在翌年春天，再把這些卵搬回蚜蟲的寄生植物上。這種現象就好像農家養乳牛一樣，因此蚜蟲也就有「螞蟻的乳牛」之稱；但螞

蟻並不白吃，如牠們發現捕食或寄生蚜蟲的天敵前來時，牠們常會把蚜蟲的天敵趕走；兩者是典型的互利共生現象。

而在蚜蟲的天敵中，瓢蟲可算是最常見了！牠們的幼蟲和成蟲都是蚜蟲的剋星；所以蚜蟲多的地方，這種漂亮的小甲蟲也多。在許多地區，昆蟲學家便利用這種「以蟲制蟲」的原理來防治蚜蟲；這種防治的方法就叫做「生物防治法」。

還有，值得一提的是螞蟻的「乳牛」並不只有蚜蟲而已；像介殼蟲、粉介殼蟲、木蝨等，也都是螞蟻的「乳牛」。另外，會捕食蚜蟲的天敵除了瓢蟲之外，還有草蛉、食蚜蠅等。耐人尋味的是，並不是所有的瓢蟲都是益蟲，像二十八星瓢蟲、小紋斑瓢蟲，都是瓢蟲中的「壞蛋」。一般，有害、有益種類的簡易辨別方法是，有益的種類翅鞘亮麗，具有光澤，而有害的種類體色灰暗，無光澤，而且翅鞘上往往長有細毛。

? 為什麼吃綠桑葉的蠶卻吐白絲？

 問：我家養了許多蠶，可是我一直覺得很奇怪，為什麼牠們吃下綠色的桑葉，卻吐白色的絲呢？

 答：綠色的桑葉只是蠶寶寶的食物；而牠們吐出的絲，顏色是由基因（遺傳因子）所控制，和食物無關；因此蠶寶寶即使吃下綠桑葉，但由於品種不同，決定顏色的基因不一樣，吐出的絲可能為白色，也可能是黃色、粉紅色或淺綠色。

? 怎樣區別蠶的雌、雄？

 問：我最近養了幾隻蠶，可是不知道如何辨別雌、雄？

 答：家蠶是小朋友們最喜歡飼養的「小寵物」，可是卻有很多小朋友不知道如何由幼蟲和蛹來分別雌、雄。其實方法不難；雄的蠶寶寶在第九腹節腹面的中央，有個透明的小體，而雌蠶幼蟲的第八、九腹節腹面卻有四個。至於蛹期，雄蠶蛹的第九腹節腹面中央有一

對小突起物，而雌蠶蛹雖然沒有，可是第八、九腹節中央卻有一條縱走的直線。

❓ 蠶為什麼會蛻皮？

問：我養蠶寶寶時，發現牠們都有蛻皮現象；為什麼牠們會這樣呢？

答：蠶是一種具有外骨骼的動物，這種骨骼不會因年齡的增長而增大；而蠶寶寶生長時，身體會變大，這樣一來，原有的外骨骼也就容納不了變大的軀體，於是牠們非得把舊皮脫掉不可；但不久，牠們會在變大的身體外再分泌出一層外骨骼。一般，在節肢動物中，都是藉這種方式成長。

❓ 為什麼蠶繭有白色、黃色的呢？

問：同樣是蠶寶寶，為什麼牠的繭有黃色有白色的呢？是不是雌、雄的緣故？

答：有很多人以為**蠶繭**有黃有白是因為吃的食物不同，或雌、雄不同的關係；其實，都不對，這是由於品種不同的緣故。

❓ 蠶寶寶背部動個不停的管子是什麼？

問：蠶寶寶背部有條管子常動個不停，那是什麼？還有，牠們有沒有眼睛和呼吸器？

答：養過蠶寶寶的人，一定都注意到牠們背上的那條動個不停的管子吧！原來那是**蠶寶寶的背管**，也就是牠們血管和心臟的位置；由於推送體液向前的關係，背管總是動個不停。蠶寶寶有沒有眼睛和呼吸器呢？有的，牠們的眼睛就在頭部上；而呼吸器─氣孔，是位於身體兩側，所以如果你有放大鏡的話，就仔細瞧瞧吧！因為只有自己動手觀察，印象才會更加深刻。

為什麼下完蛋之後之雌蠶蛾會死亡？

 問：為什麼雌的蠶蛾在下過蛋之後，就會死亡呢？

答：因為牠已完成傳宗接代的使命了，消耗太多的體能！當雌蠶蛾懷卵時，牠們把大部分的養分都供給卵的發育，而在牠們下過蛋之後，由於會消耗很多的能量，造成體能極大的透支，而變得十分衰弱；另外，由於牠們在這段期間不吃不喝，也沒有養分繼續補充，所以不久便會死亡。

野蠶不怕螞蟻？

 問：在地理課本中所提到：「秦嶺以北一帶桑樹很少，因此把蠶放飼在柞樹上，俗稱野蠶……」蠶寶寶不是很怕螞蟻嗎？為什麼不怕牠們被天敵吃了呢？

答：地理課本中所提到放飼野蠶的情形在中國頗為普遍，這是一種比較粗放式的經營方式；不過，誠如你所說，牠們還是很

怕螞蟻；其實在野外，除了螞蟻，蠶寶寶的天敵可多呢：例如螳螂、小鳥、寄生蟲。另外，牠們也常會受到許多病原菌的侵襲。因此，如就死亡率來說，要比室內飼養的高很多！可是，由於可節省人力、成本，依然有很多人利用這種方式經營。

❓ 「蠶」最早是哪國人開始養的？

 問：最近學校內又興起一陣「養蠶風」，這種昆蟲是哪一國人最早馴養的呢？而蠶寶寶在幼蟲期中究竟要脫幾次皮？除了桑葉，牠們還吃些什麼植物的葉子？一個繭是多少條蠶絲織成的？

答：**蠶寶寶是中國最早馴養的**，相傳是黃帝的正妃嫘祖所發現而開始馴養的。

蠶寶寶在幼蟲期中共脫四次皮；除了桑葉外，牠們也能吃好幾種植物葉子，例如「鵝仔菜」，就是其中的一種，「鵝仔菜」是萵苣的俗稱。然而不管用萵苣或其他植物的葉子養，發育情形都很差；有些個體往往會中途死亡。另外，雖然日本人也配出好幾種人工飼料，但是仍然沒有桑葉好。還有一個繭是多少條蠶絲織成的？答案是一條。

問：吃萵苣的蠶寶寶，究竟會吐什麼顏色的絲？

答：蠶寶寶是中國人最早馴養的有益昆蟲，牠們主要是以桑葉為食；不過，也可吃萵苣、榆樹等植物的葉子，只是吃這些植物葉子的蠶寶寶，發育不好，死亡率也高。假如牠們在吃萵苣葉後，能吐絲化蛹，那麼牠們所吐的絲是不是和吃桑葉的蠶寶寶一樣？其實，蠶絲的顏色，和食物並沒有關係，而是和品種有關；換句話說，如果蠶種是白色繭系的，那麼不管吃什麼葉子，蠶寶寶所吐的絲依然是白色的。

 沒交配的雌蠶蛾會早死？

 問：聽媽媽說沒交配的雌蠶蛾會早死；可有這回事？

答：這倒是一個耐人尋味的問題，相信也是許多昆蟲學家所疏忽的問題之一。「雌蠶蛾如果沒交配，究竟會較長壽，還是會

較短命？」最好的解答是你自己親自觀察，怎麼觀察呢？你可以把剛剛羽化的雌蠶蛾分成兩組，其中一組和雄蠶蛾放在一塊兒，讓牠們自然交配；另一組則只放雌蠶蛾。然後逐日觀察，記錄每天存活下來的雌蟲個體。每一組各觀察十至三十隻，到了最後全部雌蟲死亡為止，你便可加以統計，利用統計平均存活日數的方法比較交配過及未交配雌蠶蛾的壽命。

❓ 沒交配的雌蠶蛾會不會下蛋？

 問：如果雌蠶蛾沒交配，牠們會不會下蛋？

 答：這是個有趣的問題；其實，如果你養過蠶寶寶時，只要多注意一定會發現。沒交配的雌蠶蛾還是會下蛋，只是牠們的蛋孵不出蠶寶寶。原因是蠶蛾是行兩性生殖的昆蟲，必須精子、卵子結合形成受精卵才能孵化成蠶寶寶；當然，更好的方式是你親自觀察記錄；先把剛羽化時的雌蛾和雄蛾隔離，天天觀察牠們有沒有下蛋的現象，也同時注意這些卵會不會孵化成蠶寶寶。

? 為什麼養蠶最忌水留在葉上？

 問：為什麼養蠶寶寶時最忌諱桑葉上有水？

 答：小朋友養蠶寶寶時，幾乎把每片桑葉上的水擦得乾乾淨淨的，深怕蠶寶寶「吃」水而死；其實並不是水的緣故，而是桑葉上水分太多，容易沾染更多的病原生物，較易引起蠶寶寶罹病。不過，大規模養蠶就不這麼講究了，因為一片片桑葉擦拭，實在太耗費時間和人力！頂多只把整把桑條抖動一下，使水滴掉落而已；當然這種養法蠶寶寶較易罹病。

蠶蛾會咬破蠶繭嗎？

 問：蠶蛾羽化時利用口器「咬」破蠶繭，還是分泌唾液把蠶繭軟化掙脫而出？

答：這是個很有趣的問題，蠶蛾究竟會不會「咬」破繭呢？首先，小朋友不妨瞧瞧蠶蛾的口器，它們是呈曲管式，好像鐘錶的鏈子一般，這種口器沒有銳利的大、小顎，當然無法像蝗蟲的咀嚼式口器那樣咬斷食物，所以牠們是分泌唾液，把繭軟化，然後藉著頭、胸部的力量，掙脫蠶繭，羽化而出。關於這個問題，正在養蠶寶寶的小朋友，最好能親自觀察。

 養蠶寶寶會引螞蟻來嗎？

 問：養蠶寶寶會引螞蟻來嗎？

答：養過蠶寶寶的人一定會發現，所養的蠶寶寶在一夜之間被螞蟻咬死或分屍了；為什麼呢？因為肉食性或雜食性的螞蟻，

幾乎無所不吃，在覓食時牠們如發現活蟲，管牠是蝗蟲、紡織娘或毛毛蟲，只要牠們咬得死，能分屍的，無所不咬，無所不吃。所以飼養蠶寶寶時也應提防螞蟻光顧，否則螞蟻群一來，所花的心血也許一夕之間全都泡湯了！

問：聽說愈醜的毛毛蟲所變的蝴蝶愈漂亮，而愈漂亮的毛毛蟲所變的蝴蝶會愈醜；真的嗎？

答：這種說法並不可靠，因為據我飼養毛毛蟲的經驗，有些蝴蝶的幼蟲，例如端紅粉蝶的毛毛蟲長得十分可愛，而變成蝴蝶後依然很漂亮。許多鳳蝶類的毛蟲也有類似的現象。不過，也有些蝴蝶雖然長得不怎麼起眼，但毛毛蟲卻長得十分特別，有些怪得可愛；例如紫蛇目蝶算是一例。其實，美醜的看法見仁見智；如果你有興趣，何不自個兒養養看呢？

？ 為什麼毛毛蟲會變蝴蝶？

 問：為什麼毛毛蟲會變成蝴蝶呢？

答：在昆蟲的生活史中，由卵到成蟲，牠們的外型會發生一些變化；這種變化的過程，也就昆蟲學家所說的變態現象。在昆蟲中，變態類昆蟲的變態型式分成不完全變態及完全變態類；前者生活史中經過卵、幼期及成蟲期，而後者則還有蛹期。蝴蝶是屬於後者，而毛毛蟲是牠們的幼蟲，所以在變成蝴蝶之前，會經過蛹期，這是牠們完成生活史所必須的。不過，除了蝴蝶之外，小朋友在野外看到的毛毛蟲，有些是蛾類的幼蟲，所以毛毛蟲也可能變成蛾。

被毛毛蟲爬過後怎麼辦？

 問：為什麼被毛毛蟲爬過後皮膚會起泡泡？該怎麼辦呢？

答：毛毛蟲，例如毒蛾的幼蟲，身上的體毛連有毒腺；當牠們爬過人體之後，毒毛往往會掉落，這時候，毒液釋出，會引起皮膚過敏反應，既癢且痛，同時造成紅腫、起泡泡的現象。如果碰到這種情形發生，最好能以清水或肥皂水拭洗患部，用乾布擦乾後塗點兒面速力達母或油性眼藥膏之類，也就能減輕痛苦了。

毛毛蟲有幾隻腳？

 問：毛毛蟲有幾隻腳呢？

答：毛毛蟲是蝶蛾的幼蟲，牠們的胸腳都有三對，但腹腳對數則因種類而異，有些種類將近有五對，但有些種類除胸腳三對之外，只有兩對而已，例如尺蠖蛾的幼蟲。

? 台灣有哪些珍貴的蝴蝶？

問：台灣有哪些珍貴的蝴蝶？牠們生長在什麼地方呢？

答：台灣的蝴蝶，由於種類多達四百種左右，其中有不少豔麗
的種類，而且數量又多，因此向有「蝴蝶王國」的美名。而在
這些蝴蝶中，比較珍貴的，例如出現在蘭嶼的珠光鳳蝶；主要分布在屏
東、台東一帶的黃裳鳳蝶；分布於台灣太平山區，極為稀有的寬尾鳳蝶
及出現在北橫一帶的大紫蛺蝶等。

? 蝶和蛾是同類？

問：蝶和蛾是不是同類？如果是，牠們有什麼共同的特徵？

答：蝶類和蛾類是同一類昆蟲──也就是俗稱蝶蛾類的鱗翅目
昆蟲。這一目昆蟲的共同特色是翅上有許多鱗片覆蓋著；還
有，牠們的成蟲都是利用曲管式的口器吸食花蜜等食物。這種口器在不

用的時候，能像鐘錶的發條一樣，捲在頭部下方。

世界上最大的蝴蝶是哪一種？

 問：世界上最大的蝴蝶是哪一種？有多大呢？

答：世界上最大的蝴蝶是產在西南太平洋中的所羅門群島，名字叫亞歷山卓鳥翼蝶或大鳥翼蝶；據測量，雌碟展翅長，竟然達三〇‧五公分，比大人的手掌還要寬大。目前這種蝴蝶由於數量漸減，已受全世界政府保護，不准捕捉，交易也必須申請核可。

蝴蝶、蜻蜓哪一種飛得快？

 問：蝴蝶、蜻蜓、蜜蜂哪一種飛得快？

答：如就一般種類來說，以蜻蜓飛得最快，因為這種昆蟲有「空中飛龍」之稱，一般牠們的時速可達六十公里。至於蝴蝶

和蜜蜂，每每因種而異，因為有些蝴蝶飛得快，例如北美的帝王蝶時速約二十七公里，蜜蜂最高時速為二十二公里，但平常時速只有十公里左右，然而有些蝴蝶，例如蛇目蝶類，飛翔速度一般都比蜜蜂慢。

？ 無尾鳳碟的雌雄如何區別？

問：我養了好幾隻柑桔無尾鳳蝶，發現蛹有的是褐色，也有的是綠色，為什麼？還有，牠們如何分雌雄呢？

答：無尾鳳蝶是一種相當漂亮的蝴蝶，前三齡幼蟲呈鳥糞狀，漸長會變成翠綠色，十分可愛；而當牠們化蛹時，蛹色有綠色型和褐色型，據稱這種幼蟲和生活環境有關，這種蝴蝶，雌雄斑紋的形狀相同，只是雌蝶黃色斑的部分間雜淡褐色，黑色斑處也帶有黃色鱗片。

❓ 鳳蝶只能在柑桔樹上產卵？

問：我家種了一棵柑桔樹，常有鳳蝶來生蛋，是不是鳳蝶只在柑桔樹上生蛋？

答：能在柑桔樹上產卵的蝶類很多；在台灣，例如無尾鳳蝶、大鳳蝶及黑鳳蝶等。不過，有很多鳳蝶並不是把卵產在柑桔類的葉或莖上。例如青斑鳳蝶，是把卵產在白玉蘭葉上；寬尾鳳蝶，是產在台灣檫樹上，大紅紋鳳蝶則是把卵產在馬兜鈴上。所以，鳳蝶並不一定只在柑桔樹上產卵，視種類不同而異。

❓ 葡萄上的怪蟲叫什麼？

問：我家種的葡萄，葉上常有一種尾巴有角的蟲，那是什麼呢？

答：這是一種專吃葡萄葉子的害蟲天蛾的幼蟲；這種幼蟲的特徵是腹部末端的背面有一角狀突起。牠的食量相當大，如果一株葡萄上有幾隻這種幼蟲，往往會把整株葡萄葉吃個精光。所以如果發

現，應予撲殺或飼養下來觀察；不過，這也是一種挺好玩的「活玩具」喔！不會咬人，也沒有毒害作用，何不養養看，觀察牠怎麼化蛹，怎麼變成蛾。

❓ 為什麼飛蛾一到晚上會在燈光下飛繞？

問：為什麼飛蛾一到晚上就會在燈光下繞著飛行呢？

答：在昆蟲中，像蛾類及許多甲蟲都有趨光性，所以一到夜裡，牠們便在燈光下飛翔，但由於燈光不是直線，所以牠們會繞著燈光飛翔。

❓ 雞母蟲長大後會變成什麼？

問：有一天，我在堆肥中發現好幾隻雞母蟲，牠們長大後會變成什麼呢？

答：雞母蟲也就是金龜子、獨角仙或鍬形蟲的幼蟲；這種幼蟲在土中以腐敗的有機物、植物的根系或枯木作為食物，然後逐漸長大；並在土中化蛹，一直到變成成蟲時才爬出地面。

❓ 金龜子飛翔時怎麼平衡？

問：我常觀察金龜子，可是我一直不知道牠們飛行時如何平衡，飛翔動力來自何處？

答：金龜子有兩對翅膀，那就是硬化的前翅和膜質的後翅；這種昆蟲在飛翔時，會把前翅提起，而利用後翅飛翔；這時候，前翅就具有平衡作用。至於飛翔動力是利用飛翔肌肉的伸縮和翅膀的拍擊力產生的。

❓ 金龜子的卵產在什麼地方呢？

問：和同學去郊遊，我發現許多金龜子都棲息在樹葉上。請問，金龜子的卵是活在土裡還是樹葉上呢？

答：金龜子的成蟲雖生活於樹上，但牠們的卵卻被產於土中；而幼蟲孵化之後，即以土中的有機質為食，發育成長。金龜子的幼蟲，叫做蠐螬，全身呈乳白色，略作C字形，也許你曾看過，由於母雞常會啄食，因此有「雞母蟲」之稱。

 ？ 金龜子會不會咬人？

問：最近很多同學都抓金龜子，但有些人受傷了，牠們是不是會咬人？

答：金龜子並不會咬人，但牠們的腳上具有很多刺狀物，如果刺狀物附在皮膚上而突然把牠們抓起來，往往會刺傷皮膚，因此必須特別小心，別被牠們腳上的棘刺或爪給刺傷了。

？ 為什麼金龜子被擊落地面後不會飛走？

問：為什麼金龜子和天牛，從樹上被打下來時不會飛走，而剛停在樹上的金龜子和天牛卻會很快飛走呢？

答：會飛翔的昆蟲，尤其是甲蟲類，牠們一旦被敲擊而墜落地面時，往往會因受到撞擊，而呈現出一種假死的習性，不會飛走；但不久牠們就開始活動，如果活力恢復了，牠們也會飛走。而剛停在樹上的金龜子、天牛等，由於未受干擾，能恣意爬行或飛翔。

? 蜻蜓吃些什麼？

問：前些日子，我抓了幾隻蜻蜓，我實在很想養牠們，但是不知道牠們吃些什麼？

答：蜻蜓是一種極為常見的昆蟲，牠們經常成群在空中飛翔，也常出現在水邊；這類昆蟲是肉食性動物，通常捕抓蚊子、飛蝨、浮塵子之類的小飛蟲做為食物，但也能吃大一點兒所能捉到的昆蟲。所以，在飼養時可抓些活的蚊子、蠅餵牠們；不過，你也可以抓蝗蟲之類的昆蟲，直接放到牠們的口中餵養牠們。但別忘了為牠們準備大一點兒的「房子」，也提供植物讓牠們休息，觀察完了之後再把牠們放歸自然。

❓ 蜻蜓有毒嗎？

問：前幾天我自己做了一枝捕蟲網，網到一隻蜻蜓，帶回家裡，但媽媽說蜻蜓有毒，真的嗎？

答：蜻蜓是一種無毒的昆蟲，你可以放心；不過牠們是益蟲，能捕食很多害蟲，因此在把玩或觀察一會兒之後最好把牠們放走，讓牠們回歸自然。

❓ 蜻蜓為什麼點水呢？

問：我常看到蜻蜓在水面上停留——也就是一般人所說的「蜻蜓點水」，請問：是不是牠們口渴了而喝水呢？

答：「蜻蜓點水」是蜻蜓的雌蟲正在產卵的現象，不是牠們口渴而喝水，但並不是所有的蜻蜓都用這種方式產卵，有些蜻蜓會把產卵管伸進水中，在植物或水中物體上產卵。

❓ 蜻蜓的翅膀會不會再生？

問：我常發現蜻蜓的翅膀破了或斷了，這些翅膀會不會再生呢？

答：蜻蜓是一種常見的昆蟲，他們常成群飛翔空中，並捕抓其他小型昆蟲為生；而由於牠們飛行肌肉發達，所以頗為善飛；然而，當牠們的飛翔工具——翅破損了之後，卻無法再生；因此破翅的蜻蜓，飛行效率也就會大受影響了！

❓ 水蜻蜓是不是叫豆娘？

問：一般人所說的水蜻蜓是不是豆娘呢？還有，蜻蜓有毒嗎？

答：豆娘是一種很像蜻蜓，但纖纖柔柔的蟲兒，都在水邊活動，因此有些人稱牠們為水蜻蜓；不過，由於牠們的長相和桿秤有些相像，所以閩南人稱之為「秤仔」。其實，除了體型之外，牠們和蜻蜓最大不同之處是休息時翅豎立在體背，而蜻蜓是平置體側。

❓ 蜻蜓的眼睛像網子？

問：有一次我仔細觀察蜻蜓的眼睛，發現它好像網子一般，不會是看錯吧？

答：你並沒看錯，蜻蜓的複眼，是由為數達千個以上的小眼所組成，在肉眼或低倍放大鏡下看來，可發現這些小眼是呈六角形排列，井然有序，令人嘆為觀止！其實，除了複眼之外，在兩複眼間，還有三個呈圓球形狀、倒三角形排列的單眼，你可注意到了嗎？

❓ 蜻蜓小的時候生活在哪兒？

問：蜻蜓在小的時候，生活在哪兒，吃些什麼？

答：蜻蜓是一種不完全變態類昆蟲；牠們的幼期——水薑，也就是閩南人俗稱的「水乞丐」，生活在水中；這時候，牠們以面具狀的下脣來捕捉生活在水中的其他小蟲、小魚、小蝦或蝌蚪等為生，是純肉食性的昆蟲。而當牠們的稚蟲發育成熟了之後，便會爬上水

草或水附近的岩石上羽化，變成成蟲——而這也就是俗稱的蜻蜓。

❓ 為什麼水黽能在水面上行走而不會溺死？

 問：為什麼水黽能在水面上走動而不會溺死？難道牠們腳上沾有什麼東西？還有，牠們會不會飛？

 答：水黽的軀體瘦長，腳細長無比，而牠們的腳下有一層由無數細毛形成的毛氈，這些毛氈含有油質，形成一層宛如油膜般的膜，因此當牠們在水面上活動時，並不沾水，所以不會沉溺水中。這種昆蟲雖然也具有翅，但飛翔能力較弱。

❓ 瓢蟲還喜歡吃些什麼？

 問：瓢蟲除了吃蚜蟲之外，還喜歡吃些什麼？

 答：瓢蟲可分成有益及有害的種類；有益的瓢蟲以害蟲為食，而有害的瓢蟲通常以農作物、經濟植物為生。以害蟲為食物的瓢蟲除了吃蚜蟲之外，牠們大多能捕食介殼蟲、膠蟲、木蝨及粉蝨等害蟲。所以，對這類瓢蟲，我們應好好保護。

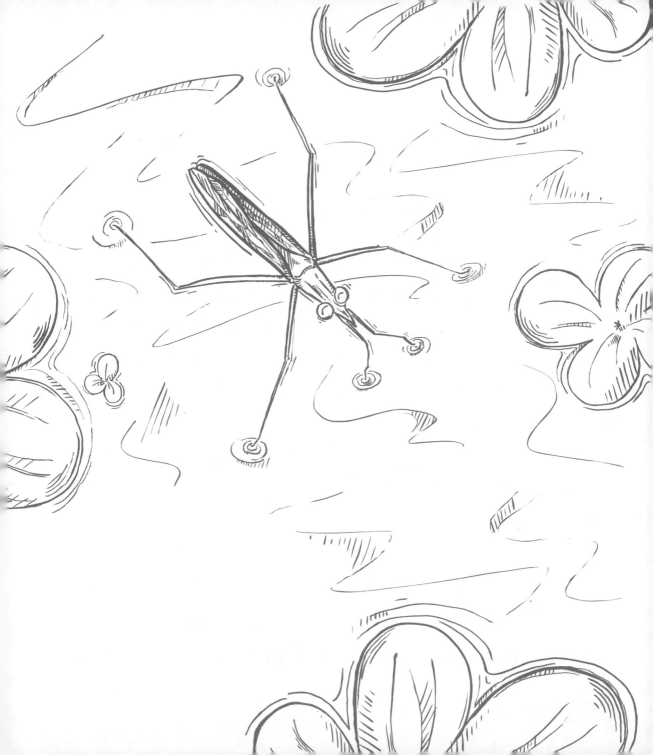

? 瓢蟲有四個眼睛？

問：我聽說瓢蟲有四個眼睛，可真有其事？

答：瓢蟲究竟有多少個眼睛呢？一般而言，在小小的頭部兩側，牠們有一對複眼；而這些複眼則是由許多呈六角形排列的小眼所組成；只要用高倍的解剖顯微鏡觀察，也就能看出端倪。瓢蟲究竟有多少個眼睛？這可不能用「聽說」，所以應把牠們放在顯微鏡下觀察，也就能找到答案了，至於翅上的斑點，可不是瓢蟲的眼睛喔。

? 狗蚤太多怎麼辦？

問：我家的狗跳蚤好多，怎麼辦？洗澡時也曾用藥水洗，可是依然沒有用，怎麼辦呢？

答：狗蚤及狗蜱如果用藥水洗仍然沒有用，那只好用手徹底抓了，然後再塗些軟膏；同時儘量避免把狗放出去和野狗接觸，以免受到感染。其實，現在動物醫院對這種外寄生蟲都有相當好的防治

方式，如太嚴重，帶牠去醫院吧。

❓ 狗身上的跳蚤吃些什麼？

問：野狗身上有許多跳蚤，牠們吃些什麼？

答：跳蚤，人見人厭，因為牠們叮人之後，奇癢無比；而狗身上的跳蚤，究竟吃些什麼呢？原來牠們是利用刺吸式口器吸食狗的血液為主；如不相信，不妨抓隻狗身上的蚤，然後把牠捏死，你將可發現手指上會留下紅紅的狗血。不過，牠們的幼蟲，並不生活在狗的身上，而是棲息在地面上，以地面上的有機物為主，等到化為成蟲，才會附著在狗的身上吸血為害。

問：頭蝨是怎麼來的？牠們吃些什麼？

答：頭蝨是雌蝨把卵產在人的頭髮上，然後發育而成的；不過，也會因為人和人的頭相接觸，頭蝨會從頭髮「偷渡」到另一個人的頭髮上。因此，如發現同學中有人頭髮上有了頭蝨，應立刻治療，並避免相互接觸，以免蔓延。這種外寄生性的昆蟲，會在人的頭部吸血，並造成刺痛、生瘡，而使頭髮脫落；因此，如發現，最根本的辦法是把頭髮剃掉，做做「無花和尚」；如有症狀出現，再治療即可。

? 糞便中的甲蟲叫什麼蟲呢？

問：我曾在動物糞便中發現一種甲蟲？那是什麼蟲呢？牠們吃些什麼？

答：那種甲蟲叫糞牛，也就是蜣螂或糞金龜，牠們生活於糞便之中，以糞便為食；這種昆蟲對人類有益無害，因為牠們會分

解動物排在野外的糞便，是自然界的清道夫。

? 蜣螂是一種甲蟲嗎？

問：蜣螂是不是一種甲蟲？聽説牠是吃糞便長大的，那麼牠全身不就臭兮兮了嗎？

答：蜣螂是一種甲蟲，又名糞牛或糞金龜，這是由於牠們是生活於動物的糞便中，以糞便為食而得名；這種甲蟲從糞堆中鑽出來的時候會帶有一股臭味；但如果用水洗過，也就不會覺得臭了！對啦！這是一種挺漂亮的甲蟲喔！在台灣，還算頗為常見。

? 糞牛為什麼推糞球？

問：為什麼糞牛要推糞球呢？是不是要把它當食物？

答：糞牛又名糞金龜或蜣螂，是一種可愛的甲蟲；可是，在市面上很多書上，把牠們稱成「屎克螂」。這類甲蟲，是分解糞

便的高手，在野生動物多的地方，如不是牠們的清理工作相當徹底，也許會變成臭氣薰天的地方呢？但牠們推糞球的主要目的並不是為了牠們自己，而是把這些糞球當作後代的食物；當牠們把糞球推回預定地後，雌蟲會在糞球中下蛋；這樣，後來孵化的幼蟲就以這堆糞球做為食物，發育長大、化蛹、再變為成蟲；但並不是所有種類的糞金龜都會推糞球。

？螢火蟲為什麼夏天才會出現？

問：夏天的晚上看得見螢火蟲，為什麼冬天卻看不到？

答：在台灣，螢火蟲的成蟲大多在晚春及秋天，因此在晴朗無月的晚上，經常可在水草茂盛的沼澤、溝渠地區發現這些提著燈籠的「夜之使者」。至於在冬天，成蟲——尤其是具有翅的雄蟲大多早已羽化、死亡，所以即使能發光的雌蟲也存在，但由於牠們無翅，活動力弱，也就較不容易被大家察覺了；有趣的是台灣也有冬天才羽化的螢火蟲，像雪螢、神木螢。

❓ 只有螢火蟲會發光？

問：螢火蟲生活在什麼地方？都吃些什麼？是不是還有其他會發光的生物？

答：螢火蟲的幼蟲生活在潮溼的地區或水中，牠們的食物以水生的螺類、水蚤及其他小動物；有些種類也會捕食陸棲的螺類及蝸牛。成蟲出現在水草多的地區，在台灣每年三至十月間都可發現牠們。發光的生物除了螢火蟲之外，在南美洲有一種叩頭蟲，在紐西蘭有一種發光蕈蠅，也都會發光。除此，在日本有一種會發光的烏賊；海中也常有會發光的渦鞭藻。可見會發光的生物並不只有螢火蟲而已。

❓ 螢火蟲的幼蟲能不能吃福壽螺？

問：最近福壽螺在台灣的中、南部危害水稻，使我想起螢火蟲的幼蟲好像能吃螺肉；牠們能不能吃福壽螺？

答：螢火蟲的幼蟲是以水棲的螺類及其他水棲昆蟲、蚯蚓等為主食；但福壽螺是外來螺類，台灣產的螢火蟲幼蟲並不吃；但如果用挖出清洗過的福壽螺來餵水生螢火蟲幼蟲，牠們便會吃。所以，在大自然中想以牠們來剋制福壽螺是不可能的。

❓ 怎樣抓螳螂呢？

問：我們自然課的老師要我們抓螳螂做實驗，可是我不知道怎麼抓？

答：螳螂是一種有良好保護色的昆蟲，如不注意或沒有經驗，還不容易發現呢！這類昆蟲因為是以其他昆蟲做為食物，因此在蟲多的花叢及樹叢之中較多；如果你有捕蟲網的話，可在這些地方來回掃掃看，也許能找得到。螳螂的前腳，有銳利的齒列，在抓的時候可

要特別小心，不然被刺傷了，可挺痛的。

螳螂為什麼會咬自己的觸角？

 問：我飼養小螳螂時常發現牠們常把觸角送進口中，為什麼呢？這種動作代表什麼？

答：昆蟲的觸角上，有許多嗅覺器官，這些器官如遇灰塵阻塞，會變得不靈敏，因此牠們必須不時以口器來清潔觸角；螳螂也不例外，每當牠們捕食過後或休息時，經常把觸角伸進口器中連續搓摩，以把沾在上面的小塵埃除掉，這種方法是不是挺奇妙的呢？

螳螂怎麼不吃草？

 問：前幾天我從學校帶回一隻小螳螂，發現牠好可愛，於是決心養牠，並拔了許多青草放在盒子裡準備供牠食用；可是，直到現在，草仍舊好端端的，是不是牠生病了？不然怎麼不吃？

答：你的用意很好，可是錯了！因為螳螂是一種肉食性的昆蟲，牠們並不吃青草；所以，你放青草進去，牠當然不會去吃啦！這類蟲兒，是吃其他活蟲維生，因此，你可抓些蝗蟲、螽斯、蛾、蟬……等，放在盒內，牠也就會抓著吃了！

? 雌螳螂果真是母夜叉？

問：聽說雄螳螂在交尾時，常會被雌螳螂吃掉；可真有這回事？

答：螳螂是一種肉食性的昆蟲；而一般雌螳螂，體型比雄蟲大，也較凶猛。所以，當牠們進行交尾時，雄螳螂必得「冒險」接近雌螳螂，然後採取行動。可是，每當交尾中、後期時，雄螳螂往往不注意，便會被雌螳螂抓住，並一口一口吃下。因此，在野外時大家如發現無頭螳螂，也許牠們就是魂斷雌螳螂口中的雄螳螂。

❓ 螳螂會吃壁虎？

問：我曾抓過螳螂，發現牠竟然連小壁虎都吃，為什麼呢？

答：在許多人的眼中，總認為壁虎及蜥蜴類都是昆蟲的剋星；其實並不盡然。因為在昆蟲中，有許多種類是肉食性的；牠們的攻擊性強，例如螳螂，所以如把小壁虎放進牠們所棲息的籠中，牠們便會飢不擇食，捕殺小壁虎。不過對於大一點的壁虎，螳螂往往莫可奈何，有時候還會被捕食呢！

❓ 為什麼小螳螂的尾巴會翹起來？

問：前幾天我抓到一隻小螳螂，可是為什麼牠總是把尾巴翹得高高的呢？

答：小螳螂雖然也是肉食性昆蟲，但牠們的自衛能力畢竟有限，所以如能翹起尾巴來，想捕食牠們的小動物也會誤以為牠們挺凶的，是「危險分子」而不敢冒然侵犯；這樣，牠們也就能保住

「小」命了！除此之外，當牠們翹起尾巴而靜止不動時，一些小蟲也可能誤認牠們是枝條或葉子而失去提防的心，於是牠們便能把這些漫不經心的獵物捕殺。可見這種方式，好處多多。

❓ 獨角仙的角是怎麼形成的？

問：我很喜歡獨角仙，請問獨角仙的角是怎麼形成的？是不是所有獨角仙的雌蟲都無角？

答：獨角仙是一種相當雄武的甲蟲，雄蟲都具有一副雄赳赳的角，角是頭部及前胸背面的突起物；雖名為「獨角」，其實不止一個角，而且末端都有分叉。目前全世界約有八百種獨角仙，這些獨角仙的雄蟲都有角，有些種類雌蟲無角，但有些種類的雌蟲也有角，只是這些角要比雄蟲小得多了。

❓ 獨角仙的角斷了會不會再長出來？

問：獨角仙和鍬形蟲的角斷了之後，會不會再長出來呢？

答：獨角仙和鍬形蟲是外型威武的甲蟲，在台灣，牠們通常在夏天時在山區出現。這兩類蟲兒的角一旦斷掉，就無法再生出來了。其實，在昆蟲中，有不少種類的成蟲，例如蝶、蛾等，翅一旦破

損，也無法再生；這是由於成蟲期的再生能力很小的緣故。

? 鍬形蟲的角如何形成？

問：鍬形蟲的角怎麼形成的？雌蟲也有角嗎？

答：鍬形蟲的角是由大顎特化而成，但這對大角並不是用來取食，而是用來當做自衛的武器。在鍬形蟲中，不但雄蟲有角，雌蟲也有，只是雌蟲的角通常比雄蟲小。角的大小、形狀及角上的齒數常被當做種間分類的依據。以台灣來說，目前已知的種類達五十四種之多。

怎麼白天找不到獨角仙和鍬形蟲呢？

 問：我常出去採集，可是在白天時怎麼抓不到獨角仙和鍬形蟲呢？

答：獨角仙和鍬形蟲是屬於夜行性活動的昆蟲，也就是說牠們是在黃昏到清晨太陽出來以前這段時間活動的；而在白天牠們就在落葉下或樹幹裂縫休息，如果在白天採集時注意到這些地方，也就不難發現這兩種寵物昆蟲了。但如在晚上採集，只要注意有燈光照射的樹上或樹汁流出的幹上，也可發現到。在台灣，每年夏天這兩類蟲兒很多，所以只要在山區採集，一定可找到牠們。

天牛會發音？

 問：有一次我抓到一隻天牛，發現牠會發出細小的聲音，這種聲音是怎麼來的？是不是嘴巴發出的？

答：天牛確實會發出聲音；不過，這種聲音不是從嘴巴發出來的，而是身體相互摩擦所發出的聲音。在天牛類的中胸，有突

出的部分伸進前胸後方；而在突出處的背面有銼狀結構，能和前胸後緣相互摩擦，於是便發出聲音。在台灣，天牛是常見的昆蟲之一；所以，在抓到牠們之後，不妨仔細瞧瞧，也聽聽牠們所出的特殊聲音。

? 象鼻蟲有何特色？

問：我常聽說過「象鼻蟲」這個蟲名，請問牠們究竟是什麼樣的蟲兒？

答：象鼻蟲是常見的甲蟲之一，這類甲蟲是所有昆蟲中種類最多的；已知達六萬多種之多。象鼻蟲，顧名思義，牠們的成蟲都具有一副如象鼻般的長口吻，長相十分怪異有趣；很多人以為長口吻是牠們的鼻子，其實不然；如果你有放大鏡，可瞧瞧口吻的末端，那兒有咀嚼式口器著生。台灣最常見的象鼻蟲是生活在香蕉假莖中的香蕉假莖象鼻蟲及竹林中的大象鼻蟲。

❓ 水龜是什麼昆蟲？

問：池塘有一種甲蟲叫「水龜」，你能不能告訴我牠叫什麼？還有，我飼養的時候，發現牠總是把腹末露出水面，再帶著氣泡往下滑，為什麼？牠們吃什麼呢？

答：這種有「水龜」之稱的甲蟲叫做「龍蝨」；牠們之所以會把腹末露出水面，再帶著泡往下滑是為了呼吸的緣故，因為氣泡中含有氧氣；有時候，牠們也能把氣泡藏在翅鞘下及腹部毛叢間。這種甲蟲主要以水中的小蟲、蝌蚪，甚至小魚苗為食。

❓ 蝗蟲都會遷移？

問：我曾在電視上看到蝗蟲遷移的奇景；請問，是不是蝗蟲都會遷移呢？

答：這的確是個有趣的問題，因為大多數的人一聽到蝗蟲，往往會連想到牠們遷移的現象。其實，在蝗蟲中，除了少數種類——例如沙漠蝗蟲、菲律賓飛蝗及東亞飛蝗等之外，絕大多數種類都不

會遷移；甚至在遷移性的蝗蟲中，如果牠們的數目未集結到相當的量，還是不會遷移的。在台灣，在過去雖也發生菲律賓飛蝗「入侵」的紀錄，並造成災害，但六十年來，未再發生。

Part2

螃蟹一呀爪八個
——昆蟲外其他節肢動物類

世界上究竟有多少種蜘蛛？

 問：世界上究竟有多少種蜘蛛呢？

答：蜘蛛是「八足將軍」，也是昆蟲的剋星，是抑制害蟲的能
手；可是卻有很多人由於不了解牠的好處，無意中加以殘殺。
世界中如果沒有這類昆蟲天敵存在的話，蟲災便會頻頻發生。可是全世
界究竟有多少種蜘蛛呢？據載，全世界已知的種類約四萬種；而在台灣
目前大約已發現三百種，但可能還有更多的種類亟待發現。

蜘蛛絲是由哪兒吐出的？

 問：蜘蛛的絲是由哪兒吐出來的？牠是不是滿肚子絲？

答：蜘蛛的腹部下後方有絹絲腺，這種腺體所分泌的液體一遇
空氣便會形成蜘蛛絲；而絲的開口是在腹部腹方的後面，共有
三對疣狀突起，也就是前疣、中疣及後疣。所以絲就是由這些疣狀突起

所吐的。絹絲腺雖然發達，但並不是充滿整個腹部；可是如要加深印象，我建議你不妨抓隻大型蜘蛛，例如人面蜘蛛（無毒，不用擔心！）觀察注意連附在絲疣上的囊狀腺體，也就是分泌絲液的器官，絲疣內有絹絲腺。

❓ 黑寡婦是世界上最毒的蜘蛛嗎？

問：是不是所有的蜘蛛都有毒呢？黑寡婦是世界上最毒的蜘蛛嗎？有多大呢？是不是全身是黑色？卵生嗎？台灣有沒有這種小動物呢？

答：不是的，大多數的蜘蛛對人而言都是不帶毒性的，不過，有少數種類帶有劇毒。黑寡婦是目前世界上最毒的蜘蛛，產於南美，體長只有一至二公分，全身除腹部一部分呈紅色外，均為黑色，是卵生。在台灣雖然沒有這種蜘蛛，但有一種和牠同類的蜘蛛，那就是印度赤背蜘蛛，也是一種毒蜘蛛。

❓ 蜘蛛絲能織布嗎？

問：蜘蛛是一種常見的小動物，請問：牠們的絲能不能像蠶絲一樣用來織布呢？

答：**蜘蛛絲的韌性相當強，但卻比蠶絲易斷，所以要用這種絲來織布，現在是不大可能的。還有，蜘蛛單獨織網，而且有領**域性，會自相殘殺，即使能織布，恐怕非得要用上相當大的空間飼養不可，不符合經濟效益。

❓ 蜘蛛為什麼不會被自己的網黏住？

問：為什麼蜘蛛不會被自己織的網黏住呢？

答：蜘蛛網會黏捕許多蟲兒，可是為什麼牠們不會被自己的網黏住呢。一般，蜘蛛在吐絲時，會分泌兩種物質，一種是有黏性的，一種是沒黏性的；當牠們走在沒黏性的網時，不會被黏住：而在牠們走到黏性網上時，會利用腳上的爪把這種絲撥開，這樣牠們也就能

安然通過了。而有些昆蟲雖然也有爪，但牠們在蜘蛛網上，卻無法利用腳爪把黏絲撥開，結果愈是掙扎，愈陷愈深，最後終於成了網下的犧牲者。

❓ 蜘蛛的尿會使皮膚潰爛？

問：妹妹在浴室中發現一隻大蜘蛛，嚇得哇哇大叫，老祖母說別惹麻煩，因為牠的尿會使皮膚潰爛，真有這回事嗎？

答：「高腳蜘蛛」這也就是妹妹在浴室中發現的「大蜘蛛」；閩南語俗稱「ㄌㄚ　ㄍㄧㄚˊ」。牠們是徜徉性的蜘蛛，對人類無毒害作用；所以，即使牠們撒出的尿液塗布到我們的皮膚上，也是不會引起潰爛或過敏的現象。可是，由於「人云亦云」，這種外型駭人的小動物卻「揹」了長期的「黑鍋」。

然而，引起手腳、頭部皮膚潰爛的「罪魁禍首」究竟是誰呢？原來是一種小甲蟲叫蟻形隱翅蟲所引起的。這種體長約一、二公分的長型小甲蟲原棲息在草叢間或稻叢之間；如果有人割草、割稻，牠們會因棲所被破壞而「流離失所」。而由於牠們有趨光性，入夜之後會爬或飛進屋舍。

這種小蟲雖不會咬人，可是體內卻含有一種會引起皮膚潰爛或過敏反應的化學物質——隱翅蟲素。當牠們爬到熟睡中的人體上時，我們會覺得有些癢癢地而用手搔癢；這時候如抓破牠們的身體，那麼隱翅蟲素一塗到皮膚上，不久也就會發生潰爛了！這也就是為什麼許多人常一覺醒來而發現手、腳或頸部有水泡狀潰瘍的原因。

當「不幸事件」發生時，起先往往會覺得患部發炎、疼痛；有些人甚至因而緊張兮兮；其實，只要用肥皂水拭洗傷口，再用清水沖洗；最後再塗石炭酸氧化鋅軟膏或亞鉛華油也就行了！如果發炎嚴重，可請醫師診治，吃些抗組織胺之類的藥物，約一週左右也就能痊癒了。

而為了防止這種害蟲「偷渡入境」，在鄰近草地、稻田的住家，應設密紗門、紗窗；同時，晚上最好能關燈睡覺，以免蟲兒被光所誘。至於高腳蜘蛛，非但對人類無害，牠們甚至暗地裡為我們「除害」呢！因為，這種「八腳將軍」通常是以蟑螂及其他在屋舍中出沒的害蟲為主食；所以，府上的高腳蜘蛛如果多的話，那可趁空來個大掃除，因為府上的蟑螂也可能不少喔！走筆至此，也盼大家能還「高腳蜘蛛」一個清白，今後可別再「栽贓」，或使牠們「死於非命」！

？ 蜘蛛結網的過程如何？有沒有不結網的蜘蛛？

 問：蜘蛛是不是昆蟲？牠們結網的過程如何？怎樣捕捉獵物？捕捉哪些小動物做為食物？還有，有沒有不結網的蜘蛛？

 答：蜘蛛不是昆蟲，但牠們和昆蟲都是屬於節肢動物門，只是蜘蛛是蜘蛛綱，而昆蟲是昆蟲綱。蜘蛛和昆蟲最大不同之處是蜘蛛具八隻腳，而昆蟲只有六隻腳；除此，蜘蛛無觸角，而大多數的昆蟲有；蜘蛛的體軀有頭胸及腹之分，而昆蟲則分頭、胸、腹三部分。

蜘蛛結網時，會擺動腹部，把絲隨風飄在樹枝或牆上，然後，織輻射狀的絲；再織框及其他輻射狀的絲，這個時候網子的架構差不多完成了。架構完成了之後，自圓心外，開始織八卦形的螺旋絲；最後，蜘蛛在中央的地方再織一同心圓的網子，靜候網的中央，佇候獵物。

而織好網後，如有獵物闖入，往往會被螺旋絲黏住，進退不得；此時，蜘蛛一察覺出來，便會攫住獵物，分泌更多的絲把牠纏住，如果獵物掙扎得很厲害，蜘蛛就分泌唾液把牠麻痺，然後吸食牠的體液。

一般，蜘蛛的獵物以昆蟲為主，尤其是飛翔性的昆蟲，例如蜂、蠅、蝶、娥、虻、蜻蜓……等等。但在南美、非洲，有一種食鳥蛛，則能攫

捕小鳥、蜥蜴及小蛇等為食。至於不結網的蜘蛛，例如在家中經常可以看到的蠅虎蜘蛛，就是一類；還有，稻田附近常可以看到狼蛛；徘徊於屋舍中的高腳蜘蛛，都屬於不結網的蜘蛛，然而儘管牠們不結網，依然能吐絲。

❓ 狗蝨是什麼呢？

問：寄生在狗身上的「狗蝨」是什麼呢？要怎樣除掉呢？

答：「狗蝨」，通常指壁蝨類，也就是狗蜱，牠們是蜘蛛類——具有八隻腳，而不是昆蟲。除去的方法是用鑷子一隻一隻挑，然後壓死，但如果太多，也可用「牛豬安」之類的藥水拭洗，但最要緊的是，要經常替牠們洗澡，避免和野狗在一起活動。

❓ 牛身上的八腳動物叫什麼呢？

問：我常在牛的身上發現一種扁扁的蟲子長有八隻腳，用小竹片壓牠的身體，常跑出一堆血；那究竟是什麼呢？

答：八隻腳的小動物可不是蟲喔！昆蟲的成蟲只有六隻腳；不過你提及的是牛蜱，是一種和蜘蛛同類的動物，專門在牛的身體上吸血；這類有害的動物，有時候也會傳播牛的疫病而造成更嚴重的危害。對了，牛蜱也可以叫做牛壁蝨。

❓ 蜈蚣、馬陸有多少隻腳？

問：我家附近有很多蜈蚣和馬陸；每一次我要算牠們的腳，都數不清；牠們到底有多少隻腳呢？

答：馬陸每一個體節上都具有兩對腳，而蜈蚣則有一對；因此只要數一下牠們身體的節數，就可算出牠們各有幾對腳。不過要小心的是蜈蚣有毒，可別讓牠們咬了。

? 家中為什麼會有蜈蚣出現？

問：我家最近常有蜈蚣出現？為什麼？牠們不是生活在野外嗎？

答：蜈蚣中有些種類是生活在屋舍附近；白天，牠們躲藏在牆角、石縫或土隙，但一到晚上牠們便出來覓食，有時候也出現在屋舍中，覓捕小型昆蟲為食物，所以你可在家中發現到這種小動物。

? 蜈蚣是昆蟲嗎？

問：請問蜈蚣是昆蟲嗎？

答：蜈蚣是節肢動物的一種，在分類上屬於唇足綱，而昆蟲則屬於昆蟲綱，因此蜈蚣不是昆蟲。昆蟲的成蟲只有六隻腳，而蜈蚣每一個體節上都長有一對腳，所以你如發現（不能徒手抓），不妨仔細地算算看。

為什麼蜈蚣總出現在陰溼的地方？

 問：為什麼蜈蚣總是出現在陰暗潮溼的地方呢？

 答：蜈蚣是一種夜行性動物，所以，在白天時牠們總是躲在陰暗的地方，例如木下、石下、土中或枯枝敗葉堆中棲息。而由於牠們在陽光下水份很容易散失，因此喜歡潮溼的環境。在自然界中，這種有毒的小動物以昆蟲類為主要食物。

 台灣有沒有蠍子？蠍子真的有毒嗎？

 問：有人說台灣有蠍子，可是又有人說沒有，到底有沒有呢？還有，牠們真的是有毒嗎？通常牠們吃些什麼呢？

 答：蠍子，這是一群大家常會在書上，甚至武俠片中「讀」到或「看」到的動物；可是在現實生活中，尤其是生長在寶島的大、小朋友，也許大多沒見過這類和蜘蛛同類的小動物。

據我所知，全世界已知的蠍子，大約有八百多種，主要分布在熱帶、亞

熱帶及溫帶地區；尤其是沙漠和叢林中，最為常見，而在台灣，已知至少有斑全蠍、極東全蠍及八重山全蠍這三種蠍子生活著；不過，由於數量不多，而且牠們多分布在墾丁地區及蘭嶼；通常牠們躲在土隙及枯枝敗葉之間，同時有些在夜間活動，比較不被大家所注意。

這類動物具有一對巨大的螯肢，而在腹末有駭人的尾鉤，鉤內連有毒腺，一受侵擾或發現獵物，全以尾鉤攻擊並分泌毒液；一般，蠍毒通常不太嚴重，大抵和蜂毒差不多，可是分泌量多或遇到較毒的種類，如不及時施救，還是會有生命的危險。

蠍子的食物，主要是昆蟲；所以，像蟑螂、蝗蟲、螽斯、蟋蟀………等，都是牠們所喜愛的。除此，其他小型的動物，只要牠們能抓得到，也都會吃。這幾年在寵物店可發現引自國外的蠍子供人飼養，不過千萬不能把他們放寄野外，以免破壞台灣的生態環境。

❓ 淡水的螃蟹不能吃？

問：為什麼有些人說淡水的螃蟹不能吃？是不是有毒？

答：淡水產的螃蟹有些因為有寄生蟲寄生，會引起好幾種寄生蟲病，因此很多人以為不能吃；可是如果真的很想吃，那一定要煮熟或炸得很熟才可，否則吃了得病，那可得不償失了！其實，台灣產的毛蟹及中國進口的大閘蟹，都是經濟價值相當高的淡水蟹，但必須煮熟才能食用。

❓ 一大螯一小螯的螃蟹叫什麼蟹？

問：我在海邊發現一種螃蟹長得好怪，那就是螯肢一大一小，這是什麼怪蟹？

答：你所看到的海蟹稱為提琴手蟹，或叫做招潮蟹；為什麼叫做提琴手蟹？那是因為螯肢一大一小，好像彈奏大提琴的歌手一般；而由於牠們通常是在海灘上活動，舞動螯肢時就好像向潮水招手

一般，因此又叫做招潮蟹。在台灣，牠們是海邊最常見的有趣小動物。

 螃蟹沒有腸？

問：為什麼每一次我吃螃蟹時，總是看不見牠們的腸子呢？牠們是不是沒有腸？

答：有很多人總以為螃蟹沒有腸，因此在民間有句俗言——「無腸公子」，所指的就是這種甲殼類動物。事實上，螃蟹是有腸子的；牠們的腸子和囊狀的胃相銜接，如果你剝開牠們的甲殼，會發現兩鰓間的溝槽中，有條短短的管子，那就是牠們的腸道。

 有沒有會爬樹的螃蟹？

問：世界上有沒有會爬樹的螃蟹？

答：俗稱的螃蟹是一概括的名詞，包括海蟹及寄居蟹等；台灣四面臨海，不但海蟹多，河蟹也不少。而在這些蟹類中，絕大

多數都是在海灘、海底、岩洞、河床等地活動，不過有少數種類，例如產在台灣南部沿海及綠島的椰子蟹——一種大型的寄居蟹，牠們不但能在海邊活動，也出沒在海邊的椰子樹上，原來牠們會「盜」食椰子；所以，以台灣來說，這是一種會「爬樹」的螃蟹。

？ 該怎麼區別螃蟹的雌雄呢？

問：媽媽說買螃蟹要挑雌的買，蟹黃較多；可是該怎麼區別雌雄呢？還有，在剝開蟹殼的時候，中央有個袋形的東西，那是什麼呢？蟹內左右有一瓣瓣的東西那又是什麼呢？

答：區別螃蟹雌、雄最便捷的方法是腹面的腹甲蓋，也就是俗稱的臍；雌蟹的臍較大，通常是圓扇狀；而雄蟹的臍較小，大多呈長三角形，很容易區別。

而在我們剝開蟹殼的時候，在殼下前方中央有個袋狀的東西，那是牠們的消化器官——胃囊；如果我們把這個袋囊弄破，會發現裡面有些半消化的食物，不妨自己動手觀察一下，你便會了解螃蟹捕食哪些小動物。

至於牠們左右一瓣瓣的東西，那是螃蟹的呼吸器官——鰓，和我們人類

自然課沒教的事　158

的肺臟有類似的功能。

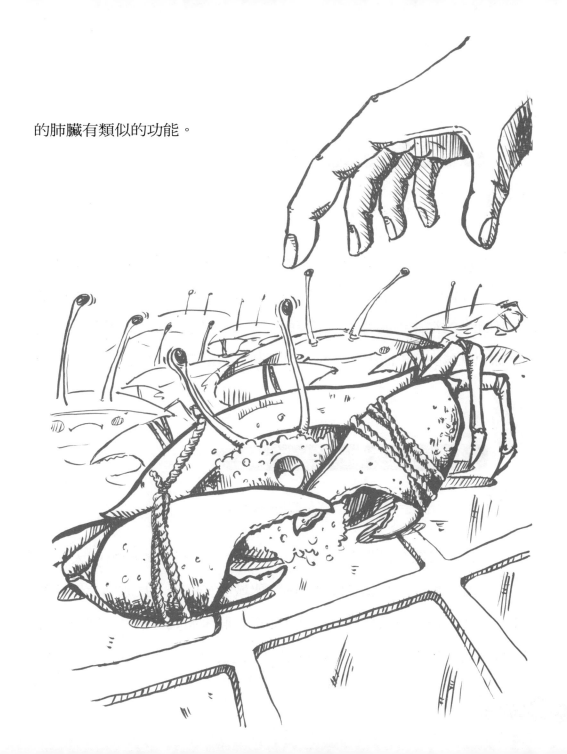

❓ 泡沫多的螃蟹是上貨？

 問：為什麼我們買螃蟹時，總會挑泡沫多的買呢？

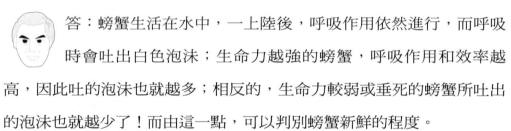 答：螃蟹生活在水中，一上陸後，呼吸作用依然進行，而呼吸時會吐出白色泡沫；生命力越強的螃蟹，呼吸作用和效率越高，因此吐的泡沫也就越多；相反的，生命力較弱或垂死的螃蟹所吐出的泡沫也就越少了！而由這一點，可以判別螃蟹新鮮的程度。

❓ 世界上最大的螃蟹是哪一種？

 問：世界上最大的螃蟹是哪一種呢？

 答：根據金氏世界記錄的記載，世界上最大的螃蟹叫大蜘蛛蟹，產在日本東南海岸外的深水域中。據稱，長成的大蜘蛛蟹體寬為三十一至三十六公分；但是如張開螯肢，體寬可達二‧四至三公尺，簡直是巨無霸！不過，這種巨蟹並不是最重的；據記載，最重的螃

蟹也是海生，產在澳洲的巴斯海域，可達十四公斤重呢！

 為什麼蟳腳夾住人手就不會放開？

 問：為什麼蟳腳夾住人手後，即使斷了腳仍不放開呢？

答：蟳和其他螃蟹一樣，具有一對強而有力的螯肢，這是牠們用以自衛的武器。當牠們用螯夾人時，被夾的人常因痛楚不堪而把牠們的螯肢折斷，控制螯肢的肌肉也無法收縮，於是會緊緊地扣住人手，造成更大的痛苦。為避免這種情形，萬一被夾最好的方法是立刻把蟳放進水中，這樣牠們便會鬆手了。

 為什麼有軟殼的蝦子？

 問：平常吃的蝦子，殼都是硬硬的；請問，為什麼有軟殼的蝦子呢？

答：蝦類是一種外骨骼的動物，有硬硬的殼子保護身體。但這類動物長大以後，原來的殼已容納不了變大的身體，所以必須蛻皮，也就是把原來的舊殼換掉，再長出新殼。這時候的蝦子如被捕獲，煮熟的蝦子由於外殼尚未變硬，所以看起來軀體軟軟的，這也就是軟殼蝦。這種蝦由於殼軟肉多，因此吃起來頗為可口實惠；另外，市面上也有所謂的軟殼蟹，道理和軟殼蝦一樣。

寄居蟹的殼破了會不會再生？

問：寄居蟹的殼破了一個小洞，是不是會再生？牠們是貝類還是蟹類？是海水產還是淡水產？

答：寄居蟹寄居在死貝的殼中，每長大就會換更大一點兒的貝殼，因此破了洞的殼是不會再生的。這種動物是蟹類，不是貝類，通常生活於海邊，不是淡水產的。

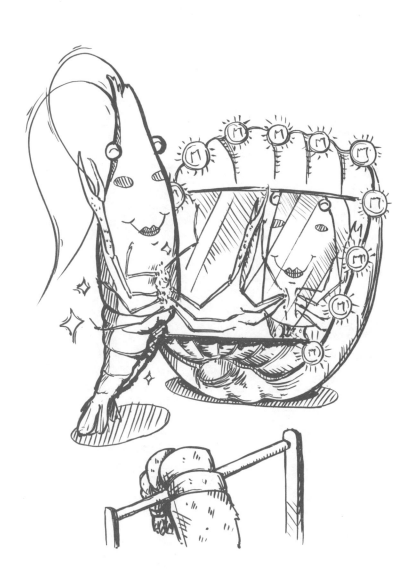

Part3

我駝著小房子走路

── 節肢動物外之
無脊椎動物類

？ 蚯蚓吃些什麼？有益嗎？

問：我常在校園看到蚯蚓在土堆中爬進土中，牠們究竟吃些什麼呢？是不是有害的動物？

答：蚯蚓是一種棲息在土裡面的小型環形動物；在土中，牠們通常以腐敗的有機物為食物。由於這種動物在鑽土時會使旱田的土壤通氣良好，而所排出的糞便又可作為植物的肥料，所以是一種有益的動物。但有時候，在水田田埂上穿鑿時會使田水外溢，農民偶會把牠當成有害動物。

？ 蚯蚓是卵生還是胎生？

問：蚯蚓是卵生還是胎生？如果是卵生，怎麼看不見牠們的卵呢？

答：蚯蚓是一種卵生的環形動物，牠們通常在卵外面形成卵繭，產在土中；由於卵繭極小，因此不易發現，不過只要你親自飼養，也就不難觀察到了！而除了以卵生的方式繁殖之外，蚯蚓如被

切成兩段，那麼被切斷的部分，不久能再生出所缺乏的部分軀體。

? 蚯蚓、蛇類有沒有耳朵？

 問：蚯蚓、蛇類是不是沒有耳朵呢？

答：有很多人以為蚯蚓也有類似的耳朵；其實不然，因為蚯蚓並沒有蟋蟀、螽斯般外露聽器的結構；但是，牠們皮膚內卻有相當發達的觸覺細胞。這些觸覺細胞分布在身體腹面及兩側，所以只要有些微的振動，例如我們以石擊土，那麼在旁邊的蚯蚓便會向另一個方向逃走。

蛇類也是感受地面的振動而「聽」出聲音；因為這種爬蟲類動物，既沒有外耳，中耳也退化，而只有聽覺骨，所以對於空氣中的音波，只能「聽」到細微，所以是仰賴地面的振動來察覺周圍的聲響。可見，印度的舞蛇人之能使簍中的眼鏡蛇款款而舞，不過是他們要些使地面或簍產生振動，而引蛇注意的小把戲罷了！因為蛇對於空氣中的音波，感受能力相當低。

蚯蚓是不是沒有眼睛？

 問：前幾天我觀察蚯蚓，覺得好奇怪，牠們是不是沒有眼睛？為什麼牠們能在土中過活？

答：蚯蚓沒有眼睛，不過牠們口前葉具有觸覺及化學感覺作用，對於在土中活動、找尋食物及迴避有害藥物的作用，十分敏感；因此即使沒有眼睛的視覺作用，蚯蚓依然能生活得很好。

 蚯蚓如何分辨雌雄？

 問：蚯蚓怎麼分辨雌雄呢？牠們吃些什麼呢？

答：有很多人以為動物都是分為雌雄兩性；其實，有些動物牠們同一個體上卻分別具有雌、雄性生殖器，也就是雌雄同體的現象；蚯蚓就是其中之一，所以牠們是無法區分雌雄的。不過，你不妨抓一隻蚯蚓觀察一下，在牠的第十四環節上，有一雌生殖器的開口；而第十八環節上則有雄生殖器的開口，所以牠們是異體受精，不同個體在

成熟時期會交換精子交配。在土中，這種環形動物都是吃些腐敗的有機物，偶爾也會吃草根。

❓ 為什麼下雨過後蚯蚓會到處亂爬呢？

問：每一次下過雨，我總是看到地上有許多蚯蚓到處亂爬，這究竟是什麼原因呢？

答：蚯蚓是生活在鬆軟土中的小型環形動物；這種動物，雖然生活在土中，但仍需要利用土中的空氣呼吸。然而，在下場大雨之後，土中溼漉漉的，土粒間的空隙充滿了水，這種環境，不但不適合蚯蚓棲息，牠們也沒有足夠的空氣呼吸，於是牠們紛紛爬上地面，以找尋合適的地方棲息。所以，每一次一下過大雨，我們總會發現有許多蚯蚓在地面上到處亂爬。

? 蚯蚓沒有骨頭為什麼能鑽泥土呢？

問：我覺得好奇怪，為什麼蚯蚓沒有骨頭，卻能在土裡鑽來鑽去？

答：蚯蚓的運動方式和我們人類不一樣；人類在運動的時候，是利用骨骼和肌肉相互配合作用。但是蚯蚓是無脊椎動物，牠們體內沒有骨骼；不過，仍有發達的肌肉。除此之外，每一個環節都長有剛毛，能作支持作用。當肌肉收縮的時候，剛毛能插進泥土中固定位置，然後收縮前進。所以，蚯蚓即使沒有骨頭，依然能在土裡鑽來鑽去。

? 蚯蚓如何走路？蚯蚓會不會叫？

問：蚯蚓如何走路呢？如果把牠放在玻璃上走路，牠會走得快還是走得慢？為什麼？還有，蚯蚓會不會叫？

答：蚯蚓是一種常見的環形動物，體內具有環狀肌及縱走肌；而許多體節外側長有剛毛；而當牠們運動的時候，會伸展身

體，把剛毛插入土中，然後伸縮肌肉，徐徐前進。因此，如果把牠們放在玻璃上時，由於剛毛失去固著作用，而只能藉肌肉的伸縮，因此行動緩慢。

至於蚯蚓會不會叫？我想自己觀察過的同學都已知道答案：「不會叫」，因為這種環形動物並沒有發音器官。可是也許有些小朋友會說：「那麼為什麼老一輩的人都說牠們會叫？」其實這是由於以前的人沒有親自觀察的緣故；只要我們實地觀察，那麼有很多民間「似是而非」的說法也就能匡正過來了。而一般人所訛傳的「蚯蚓叫聲」，可能就是生活在地穴中的蟋蟀或螻蛄的鳴叫聲，因為兩類昆蟲和蚯蚓一樣，都會棲息於土中。

❓ 蝸牛是有益的動物嗎？

問：蝸牛是益蟲，還是害蟲？

答：有很多小朋友問蝸牛是益「蟲」，還是害「蟲」；事實上蝸牛並不是蟲，而是一種軟體動物。這種動物，通常是吃植物

的葉子長大的；由於有些種類會危害蔬菜及作物的苗，因此被人們視為有害的動物之一。其實，在現在，牠們倒是很少出現在田園之中，因為飼養他們的人漸漸多；在台灣，藉由非洲大蝸牛炒出來的螺肉已成為夜市上能吃到的食品。因此有些種類應算是有益的經濟動物，而不是有害的動物。但當牠們出現在菜園、苗床時，農夫會把牠們當成有害動物。

❓ 如何辨別公蝸牛和母蝸牛？

 問：蝸牛該怎麼區別公的或母的呢？

 答：大部分的動物，都有雌雄兩性，可是有些動物牠們卻同時具有兩種不同的性別，也就是所謂雌雄同體的現象；而蝸牛就是屬於這一類動物，因此牠們也就沒有什麼公的或母的區別了！不過，儘管牠們是「陰陽體」，但牠們仍得進行異體交配；也就是說在繁殖的時候，兩隻蝸牛會緊緊貼在一塊兒相互交配。

蝸牛吃些什麼？

 問：有一天我在菜園裡看見一隻蝸牛，但卻不知牠們吃些什麼？

 答：大多數種類的蝸牛是一種植食性動物，牠們最喜歡吃鮮嫩的菜葉，所以當牠們出現在菜園時，可要注意，否則苗或幼株一被牠們吃了，就活不了了。其實除了菜葉，有些蝸牛也會吃藻類、苔蘚、地衣、真菌，甚至植物的花、種子和果實。不過也有少數種類是肉食性像玫瑰蝸牛，會捕食蚯蚓、昆蟲及其他蝸牛。

蝸牛沒有腳？

問：我觀察蝸牛，但看了半天，還是沒看到牠的腳；牠們是不是沒有腳呢？

答：有很多人在觀察動物的時候，總有一個觀念，以為牠們的手、腳、眼、耳……等，長得和人類一樣；其實，這並不一定。以蝸牛的腳來說，它們是一大塊肉質的腹腳，和人類及其他哺乳類

動物的腳，相差甚多。藉著這塊大型片狀的肌肉，這種軟體動物也就能收縮，而徐徐地活動了。對啦！這塊腹腳就是接觸地面那一塊大大的肌肉，再仔細瞧瞧吧！

蝸牛會不會被淹死？

 問：我在洗菜時，發現許多小蝸牛掉進水中，牠們會不會被淹死？

答：蝸牛是陸棲的軟體動物，牠們的祖先原棲息水中，但經長期的演化，如今這種動物已完全適應陸地生活；而在陸地上，牠們是利用肺呼吸；所以，如果掉落水中，蝸牛是會被淹死的。

❓ 蝸牛屬於哪一類的動物？到底能不能吃？

問：蝸牛屬哪一類動物？有幾對觸角？有眼睛嗎？這種
動物的肉質鮮美，有很多人喜歡吃，可是卻有些人說
牠們吃不得，這究竟是什麼原因呢？

答：有很多小朋友看到蝸牛在地上爬，就認為牠們是爬蟲類，
這是不對的；因為爬蟲類是脊椎動物中的一員，背部有一條脊
椎骨，而蝸牛則無；除外殼外，肉質都是軟軟的，因此牠們是軟體動
物；是軟體動物中的腹足類。

對啦！何不就近觀察蝸牛？牠們頭上是不是長兩對觸角？一對
長的一對短的，而只要你仔細看，一定可發現長觸角的
頂端長有一對簡單的眼。還有，曾嘗過蝸牛肉嗎？味
道是不是挺鮮美的？在法國這還是一道名貴的菜呢！不
過喜歡吃蝸牛的小朋友可要注意，許多野生的蝸牛體內，
常有廣東住血絲蟲寄生，這種絲蟲一旦進入人體而移行腦
內，便會造成腦膜炎，所以喜歡吃炒蝸牛肉的小朋友們，
可要千萬小心，一定要切實煮熟，同時最好能買飼養的蝸
牛來吃，因為飼養的蝸牛含寄生蟲的比例較低。

❓ 水蛭遇鹽會化為水？

問：為什麼有些水蛭一遇到鹽巴就會縮成一團，甚至消失了呢？牠們是不是水變的？

答：水蛭的體內含有很多的水分，遇鹽時，體內的水份會被鹽所吸而造成脫水現象，因此往往縮成一團，體型變小，但不會消失，所以牠們可不是由水變來的，只是體內含有大量水分的緣故。

❓ 珊瑚是植物還是動物？

 問：珊瑚是動物嗎？牠的外型實在太像植物，應是植物吧！還有，牠們吃些什麼呢？

 答：珊瑚的外型雖然像棵植物，可是牠們卻具有許多動物的特徵，所以分類學家便把牠們列入腔腸動物門中，所以是一種動物。在海中，珊瑚通常以水流中的有機物為食。

❓ 海百合也是植物嗎？

 問：陸地上的百合是一種很漂亮的花卉，但海裡的海百合，是動物還是植物呢？

答：這是一個有趣的問題，百合花是一種花形可愛的花卉，而海百合卻不是一種花卉，牠們是一種海生的動物，在分類上屬於棘皮動物類。而牠們為什麼會有海百合之稱呢？那是因為牠們的外型很像百合花的緣故。在台灣的海域，也常可看到這種海底動物，不妨到附近的魚店或水族館瞧瞧。

❓ 水母是什麼動物？如何傷人？

 問：我們全家到海水浴場去遊玩，發現有位遊客受了傷，聽說是被水母傷到的，請問水母究竟是什麼東西？牠如何傷人，萬一被牠所傷怎麼辦？

答：水母，這是一群生活在海中的腔腸動物；牠們的成體呈傘狀，透明；傘緣的周圍，著生許多觸手，這是牠們的捕食器官。

在海中，這種動物的觸手如碰及獵物，那麼位於觸手上的刺絲細胞會分泌毒液把魚兒等獵物麻痺，並予捕食。而當人類在海中活動時，一旦碰到牠們，牠們往往會用觸手攀繞，並分泌毒液，使人感到刺痛；如嚴重的話，會引起痙攣、嘔吐，甚至昏眩等症狀。所以，對於游泳或在海中工作的人來說，牠們也算是一種具危險性的動物。

? 烏賊和蝦子有血嗎！

問：我聽奶奶說烏賊和蝦子是無血的動物，可是媽媽卻說有，弄得我迷迷糊糊的，究竟哪個對呢？

答：凡是動物都有血液，所以你應該知道奶奶或媽媽說的哪個對了吧！你奶奶之所以會認為烏賊、蝦子沒有血，可能是她以為血都是紅色的，而這兩種動物的血液幾乎透明無色，所以才會誤會以為牠們無血，其實這是不對的。對啦！下一次媽媽如果從菜市場買回活蝦子，不妨把牠的腳折下，這時候妳會發現折斷處有液體流出，那就是牠的血液。

? 真有能發光的烏賊？

問：生物課本有一隻會發光的烏賊，真有會發光的烏賊嗎？牠們為什麼會發光呢？

答：在海中真的有會發光的烏賊；據我所知，在日本附近的海域，就有這類烏賊，因此每年一到牠們成群出現的季節，常誘

使大批遊客前往欣賞、圍捕。而這種烏賊之所以能發光，是由於牠們的體內含有發光質，發光質經酵素的生化反應所發出的；其實在台灣東北角海域，俗稱「軟絲仔」的烏賊也會發光。

？ 牡蠣怎麼繁殖的？

問：牡蠣是怎麼繁殖的呢？

答：牡蠣是一種海貝；這種動物雌雄異體，行體外受精。在受精一小時後，受精卵開始分裂，到了五、六小時發育成擔輪幼體，在海中浮游。到了一天左右時，會發育成幼貝，而以殼附在其他物體的上面而生長。在台灣，漁民常利用牡蠣殼吊掛海中讓牠們附著；大約經過八個月左右，甚至一年半時，漁民會開始從海中把附生的牡蠣取出，然後破殼挖取肉質，這也就是鮮美可口的「蚵仔」。

? 牡蠣是哪一類動物？

問：牡蠣的味道十分鮮美，可是你能告訴我牠們屬於哪一類嗎？是卵生還是胎生？

答：牡蠣是一種海生的軟體動物，雌雄異體，進行體外授精產卵繁殖。孵化的幼體隨波逐流，以水中有機物為食，徐徐成長；不久就會附著在岩壁或海中物體上生長，分泌殼保護身體；而我們所吃到的牡蠣，便是牠們成長後從貝殼中被挖出來的身體部分。

? 田螺吃什麼？

問：有人說田螺是吃泥土長大的，真的嗎？

答：「田螺是吃泥土長大的」，這種說法在民間可算是根深柢固；其實，這種軟體動物並不是吃泥土長大的，牠們是雜食性的。不過，由於在攝食水底的動植物和有機物時，往往會把泥土一併吃進，結果很多人誤以為牠們是吃泥土長大的。而除了吃微小的動物——

水蚤或腐敗的動物屍體，分解的植物體外，牠們也吃矽藻類及青苔等植物。

為什麼金寶螺的卵有深與有淺？

 問：我家附近常淹水，昨天我突然發現金寶螺的卵；可是，為什麼有幾簇較深？有幾簇顏色較淡？

答：事實上，並不只是金寶螺如此，有很多昆蟲的卵也是一樣。這些卵，由於其中胚胎發育的關係，卵色也會發生變化。通常，在卵剛產下時，卵色較淡，可是在胚胎逐漸發育以後，卵的顏色會逐漸變深。因此，你觀察到的卵，可能是在不同時間產下的，所以才會有深、淺不一的卵色。

田螺能不能吃？

 問：有人說田螺美味可口，可是又有人說田螺不能吃，為什麼呢？

答：田螺當然能吃呀！不過由於許多田螺是寄生蟲的中間寄主，如不煮熟，吃了之後往往會得寄生蟲病，因此喜歡吃螺肉的小朋友，一定要請媽媽將田螺煮得很熟才能吃，否則不幸感染寄生蟲病，那就得不償失了。

❓ 福壽螺是什麼動物？為什麼會造成危害？

問：我聽說福壽螺在中南部造成嚴重的危害？牠們是什麼動物呢？又為什麼會造成災害呢？

答：田螺是一種水生的螺類，小朋友們可能都看過或吃過吧！福壽螺又名金寶螺，在外型上和田螺很像，牠們是在多年前由不肖商人偷偷帶進國內繁殖的；為什說「不肖」商人呢？因為進口這類螺時未向政府申請同意，是藉走私方式帶進國內飼養。

在起初，這些人想利用大量繁殖的方式，使螺肉能像蝸牛肉、田螺肉那樣，供應市場需要；沒想到這種螺肉肉質鬆軟，不合消費大眾的口味，結果造成被亂倒進河中的命運。

然而，由於這種軟體動物的產卵量大，適應能力強，在台灣又沒有天敵

剋制，結果在水田、河中及沼澤地帶大量繁殖；同時，牠們幾乎能吃所有綠色的植物，而對水稻、菱角等經濟作物造成很大的危害。光是屏東縣，就曾有兩千七百多公頃的農田慘遭福壽螺的危害；而如今，牠們的足跡幾乎已遍布北、中、南部的河川、水田或沼澤地帶。

福壽螺喜歡囓食水稻、菱角及其他綠色植物的心芽部分，攝食方法和蝸牛相似，會以口器把稻莖咬斷，再啃食嫩葉，食量奇大。而成螺就把粉紅色的卵塊產在植物上；母螺一生可產卵十次左右。這種螺類的原產地是在南美洲的阿根廷；牠們的名字除了叫福壽螺外，許多商人還為牠們取了好幾個別名；例如金寶螺、黃金螺、蘋果螺、豐紋螺、紋螺及龍鳳螺等。至於元寶螺是引自非洲的金夏沙。

由於少數不肖商人的非法引進，福壽螺已在台灣各地造成很大的危害；而農民、政府為了防止牠們的危害，勢必要花更多的金錢和勞力來防除牠們。而許多水生螺類又是寄生蟲的中間寄主，如果有一天福壽螺也會傳播這些寄生蟲，那麼情況就更嚴重了；少數逐利的商人為了個人利益偷偷引進，結果為社會大眾、國家帶來大害，實在太不應該了！

蛔蟲有沒有雌雄之分？

 問：蛔蟲有沒有雌雄的分別呢？怎麼繁殖呢？

答：蛔蟲是一種內寄生的圓形動物；牠們常寄生在人體、牛、羊、貓、狗……等動物的體內，吸收養分，使動物發育不良。這種動物，通常是雌、雄異體；也就是說有雌、雄之分。所以，在繁殖時是異體受精，然後把卵產在人體的腸道中；而這些卵會隨著糞便傳播，因此一定要特別注意公共衛生，同時避免食用生的或不潔的食物，以免禍從口入。

水螅是雌雄同體嗎？

 問：蝸牛是「陰陽體」，雌雄同體，那麼水螅呢？

答：水螅是腔腸動物中的一員，這類小動物都生活在水中，一般牠們的生殖方式可分成無性的出芽生殖及有性的兩性生殖。

這類動物，絕大多數是雌雄異體，而在行兩性生殖時是雌、雄體分別放出精子和卵，行體外授精，不過，也有些種類是雌雄同體的。

學習館 13

昆蟲趴趴走
自然課沒教的事2

著者	楊平世
繪圖	曾源暢
責任編輯	何亨慧
美術編輯	張乃云
發行人	蔡澤蘋
出版	健行文化出版事業有限公司
	台北市105八德路3段12巷57弄40號
	電話／02-25776564・傳真／02-25789205
	郵政劃撥／0112263-4
九歌文學網	www.chiuko.com.tw
印刷	晨捷印製股份有限公司
法律顧問	龍躍天律師・蕭雄淋律師・董安丹律師
發行	九歌出版社有限公司
	台北市105八德路3段12巷57弄40號
	電話／02-25776564・傳真／02-25789205
初版	2008（民國97）年2月10日
初版3印	2013（民國102）年12月
定價	250元

書號	0205013
ISBN	978-986-6798-10-8

國家圖書館出版品預行編目資料

昆蟲趴趴走.自然課沒教的事2／楊平世著.
—初版. —台北市：健行文化, 民97.02
　面；公分. --（學習館；13）
　ISBN　978-986-6798-10-8
　1.昆蟲學 2.通俗作品
　387.7　　　　　　　　　　　96025703

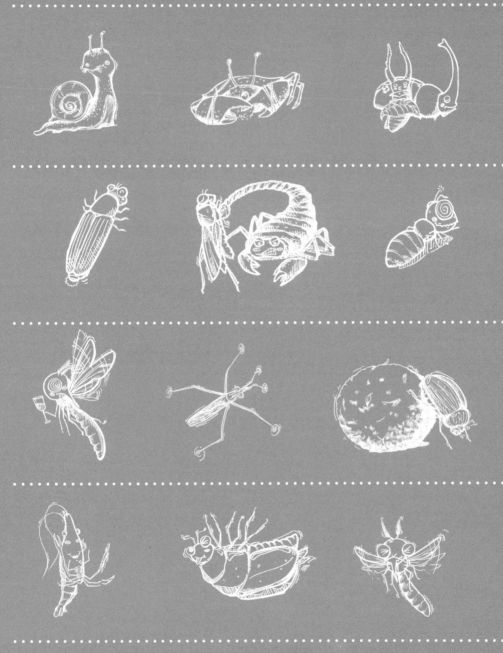

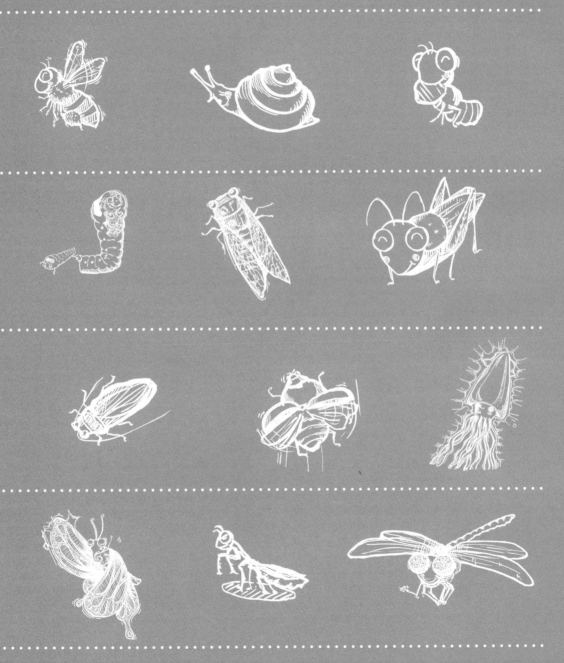